深远海抗风浪网箱养鱼技术

陈傅晓　林　川　谭　围　主编

海洋出版社

2021年·北京

图书在版编目（CIP）数据

深远海抗风浪网箱养鱼技术/陈傅晓，林川，谭围主编. --北京：海洋出版社，2021.5
ISBN 978-7-5210-0755-8

Ⅰ.①深… Ⅱ.①陈… ②林… ③谭… Ⅲ.①海水养殖-网箱养殖 Ⅳ.①S967.3

中国版本图书馆 CIP 数据核字（2021）第 060973 号

策划编辑：方　菁
责任编辑：鹿　源
责任印制：安　淼

海洋出版社　出版发行

http://www.oceanpress.com.cn
北京市海淀区大慧寺路 8 号　邮编：100081
廊坊一二〇六印刷厂印刷　新华书店北京发行所经销
2021 年 5 月第 1 版　2021 年 5 月第 1 次印刷
开本：787mm×1092mm　1/16　印张：10.25
字数：200 千字　定价：128.00 元
发行部：62100090　邮购部：62100072　总编室：62100034

《深远海抗风浪网箱养鱼技术》编委会

HDPE 大型网箱组装

海南后水湾深海网箱养殖基地俯视图

HDPE 大型网箱近照

鱼苗放入网箱养殖（Ⅰ）

鱼苗放入网箱养殖（Ⅱ）

成品鱼捕获（Ⅰ）

成品鱼捕获（Ⅱ）

成品鱼捕获（Ⅲ）

技术培训（Ⅰ）

技术培训（Ⅱ）

学术交流

智能养殖渔场

目 次

第一章　概述

第一节　深远海抗风浪网箱养鱼发展概况

深远海养殖一般指在远离陆基且深度在 20 m 等深线以外的海域开展养殖作业，这里海域广阔，海水流通性好，污染物含量少，通过先进的养殖技术和装备，可生产出健康、优质的海产品。深远海养殖是一个综合工程，其主体包括：养殖技术、养殖平台（养殖工船、大型基站和大型深水网箱等）和适养物种。深远海养殖体系的配套支撑网络包括：淡水供给、清洁能源、物资和产品的海陆运输、产品的深加工等。同时，深远海养殖还须考虑海上恶劣天气、海流等对养殖活动的影响以及如何预防灾害。深远海抗风浪网箱养鱼，是指在海水深度 15 m 以上的大陆架范围内的近海海域中，利用具有较强的抗风浪能力的网箱装置，发展海水养鱼的一种方式。这种深远海抗风浪网箱装置，国外称之为“离岸网箱（offshore cage）”，也有称“海洋网箱（sea cage）”或“沿岸网箱（coastal cage）”。其实它既不是海洋学的定义，也不是渔业捕捞学上对水域划分的定义，而是相对于近岸内湾渔排比较得出的、业内人士叫成习惯的一种概念。深远海抗风浪网箱养鱼方式是近 20 多年来国际上发展迅速的一种新型海上设施养殖技术。其超大的养殖空间和减轻近岸养殖污染等问题，显示出是海洋先进生产力的代表。我国自 1998 年从挪威引进该项设备与技术，在海南省临高县试验养殖以来，引起有关方面的重视，各地相继引进试验，经过 10 多年的努力，已成功地消化开发为国产化新兴养鱼方式。

国外开展深海网箱养鱼的国家主要有挪威、瑞典、俄罗斯、希腊、英国、美国、加拿大、澳大利亚、日本和韩国。发展历史最早的是日本，发展最快、技术最成熟的是挪威。挪威 HDPE 浮式网箱，配备有自动化投饲系统、鱼苗计数器、疫苗注射机、自动捕鱼机和海水过滤循环装置等，鱼产品销往世界各地。国内外深海网箱养殖发展基本具有以下几个特点。

（1）深海网箱养鱼已成为海水鱼类养殖的主要方式。

（2）网箱容积向大型和超大型化发展。网箱养鱼从周长 40 m 的网箱，发展到

120 m 周长和 180 m 周长，深度 20 m 的大网箱，网箱容积达数万立方米，单个网箱养鱼年产量达数百吨。从而催生深海网箱养鱼向着网箱制造、苗种培育、成鱼养殖、加工流通等集团化的大型产业化方向发展。

（3）现代高新技术大量渗透到深海网箱渔业各个环节，网箱渔业的科技含量大大提高。如由中国船舶重工集团牵头开发的这种超大网箱，装备有工业化、信息化、智能化、绿色化平台和遥控系统，称之为“智能养殖渔场”。

（4）深海网箱养鱼向着环境生态化，食品安全化的方向迈进。深海网箱在较深的远离近岸的海域中养鱼，使养殖的环境更接近自然，养殖的产品更接近天然鱼。

目前，世界上深海网箱类型主要有挪威的 HDPE 柔性圆形网箱和 TLC 张力腿网箱、美国的 OST 碟形网箱、瑞典的 FARMOCEAN 半潜式网箱、俄罗斯的 SADCO 全潜式网箱、日本的船形网箱、日本和我国台湾省的浮绳式网箱等数十种。

我国海水鱼类的养殖方式有网箱养鱼、池塘养鱼和室内工厂化养鱼等，养鱼产量 58 万 t，其中网箱养鱼是目前海水鱼类养殖的主要形式，养殖产量占养殖总产量的一半以上。网箱养鱼可分海湾网箱养鱼（也称传统网箱养鱼）与深海网箱养鱼。到 2005 年年底，全国海湾网箱的数量已超过 100 万只，其中：海南 6 万只，广东 15 万只，福建 54 万只，浙江 11 万只，山东 7 万只。海湾网箱主要有竹筏式、木板式和钢管结构 3 种形式。海湾网箱养鱼存在很多弊端，主要是抗风浪能力差、养殖海区局限性大、对自身和环境的污染较严重、鱼病多、鱼的品质差等，从而带来一系列经济、生态和社会问题。1998 年夏，海南省临高县从挪威 REFA 公司引进 1 组周长 50 m 和深 40 m 的深海网箱，主要养殖品种为军曹鱼（海鲡）、眼斑拟石首鱼（美国红姑鱼又称美国红鱼）、卵形鲳鲹（金鲳）、石斑鱼等，网囊网目尺寸 20～40 mm。与海湾网箱相比，海湾网箱养殖成活率为 50%～60%，而深海网箱养殖成活率达 92%～98%；饲料系数海湾网箱养殖为 8～13，而深海网箱养殖只有 1.8～2.0；单位立方米水体的鱼产量海湾网箱只有 1.5～5.0 kg，而深海网箱达 10～15 kg。一般一个周长 50 m，深 10～15 m 的网箱，养殖水体可达 2 000 m^3，鱼产量可达 20 t，产值上百万元，生产成本仅占工厂化养殖成本的一半，经济效益显著。养殖海区海流较急，环境容量较大，养殖的鱼不仅病害少而且质量好，也很少发现污染现象。深海网箱养鱼，以其显著的经济效益和社会效益，立即引起各地养殖业者的高度关注。至 2005 年年底，我国已拥有深海网箱超过 3 200 只，养殖水体约 299 万 m^3，其中 HDPE 类型网箱有 2 108 只，主要分布在黄、渤海（400 只）、东海（1 380 只）和南海（328 只），养殖品种 20 余种，主要有大黄鱼、眼斑拟石首鱼、军曹鱼、卵形鲳鲹以及鲷科鱼类和鲆鲽鱼类等。

至 2005 年，国内深海网箱规模最大的企业是海南中油深海养殖科技开发有限公司。该公司2005年建成了广东湛江基地、海南临高新盈和金牌基地、陵水新村基地、三亚西岛基地。2006年，公司投资2亿元，投放深水抗风浪网箱167组668只，单个网箱体积796 m^3，基地海域面积达2万余亩（1 333 hm^2），放养卵形鲳鲹1 500余万尾、军曹鱼103余万尾，年养殖能力达2万t。

至2006年年底，海南已在陵水、临高、三亚、昌江和海口五市县建起6个养殖基地，投放深水抗风浪网箱169组676只，增加海水鱼类养殖产量8 700 t，新增产值2.1亿元。

经过十几年的努力，我国深海网箱养鱼业取得了很大成绩。其主要成果：①采取引进、消化、创新的方法，开发出具有自主知识产权的我国自制深海网箱，网箱结构具较强的针对性，抗风浪能力较强；②海水养殖海域从海（内）湾拓展到深远海，减轻了海水养殖的环境压力；③改善海水养殖条件，加快鱼类生长，减少疾病危害，提高了海水养鱼产品的质量，市场竞争力较强；④扩大了网箱养鱼的养殖容量，提高了生产效率，增加科技含量，提升了产业水平。

当前，我国深海网箱养鱼产业存在的主要问题还较多，较为突出的有以下几方面。

（1）网箱产业化程度较低，产品的高值加工开发和市场流通领域滞后，已成为制约深海网箱养鱼生产快速发展的主要瓶颈。

（2）投融资困难，资金短缺较为严重，深海网箱养殖的投入成本较高，一组（4只）网箱养下来每年约需要90万~100万元的资金。由于投融资渠道较为匮乏，大部分养殖户深受资金短缺的困扰，在2010年就出现过因为后期投入资金乏力导致一部分网箱撂荒的现象。

（3）控制与防范风险体系不健全，风险应对能力不足，养殖目标海域在碰到超过设计等级的超强台风时，由于装备研发比较滞后，抵御自然风险能力就比较弱，容易导致养殖出现全军覆没，如果深海网箱养殖保险政策没有落实，那几年以来累积的劳动所得就会在一夜之间荡然无存。

（4）病害防治技术较弱，网箱养鱼是高度集约式的养殖方式，一旦发生鱼病，感染很快，死亡率也很高。对许多鱼病的防治，还停留在学术研究阶段，缺乏有效的药物、疫苗制剂和治疗方法。以卵形鲳鲹为例，小瓜虫病是一直让人头痛的问题，海水小瓜虫一般在每年的9—10月暴发，10月刚好是卵形鲳鲹的上市季节，一旦发病，后果不堪设想。目前没有很好的特效药进行治疗，只能做到以预防为主，避免发病，多是采取用淡水浸泡鱼体的办法，但操作难度太大。临高后水湾深海网箱养殖区曾在2007—2008年暴发过大规模寄生虫病害，卵形鲳鲹大量死亡，损失极大。

（5）龙头企业实力较弱，没有发挥产业带动作用。

（6）水产科技和人才的支撑作用发挥不足。

所幸的是，通过这些年来产业部门的积极扶持和行业科技的积极攻关，以上产业问题已显现转机并出现了加速发展的步伐。

第二节 海南深远海抗风浪网箱养殖业发展现状

一、海南本岛海域网箱养殖基本情况

1998 年，海南第一次从挪威引进 8 只抗风浪柔性圆柱形网箱养殖军曹鱼，为海南乃至全国深水网箱养殖业的发展奠定了良好的基础。21 世纪初，中国石油所属的海南中油深海养殖科技开发有限公司先后在海南沿海建设 5 个大型深水网箱养殖基地，通过示范带动来引导渔民发展深水网箱养殖，至 2008 年，全省初步实现了深水网箱养殖的产业化。

自“十一五”以后，海南安排中央现代农业资金 4 503 万元支持新建 1 054 只深水网箱，在有关科研院所积极转化科研成果的带动下，使海南深水网箱养殖业迅速发展。2011 年“纳沙”强台风灾害后，海南共安排 3 800 万元用于深水网箱灾后恢复生产。2012 年全省深海网箱养殖已发展到 3 499 只，比 2007 年新增 2 695 只，比 2011 年新增 898 只，2012 年深海网箱养殖产量约 3.5 万 t，产值 11 亿元，2013 年全省深海网箱数量 4 040 只，产量约 3.7 万 t，但 2014 年由于遭受超强台风“威马逊”及强台风“海鸥”的连续袭击，海南深水网箱养殖受灾严重，全省深水网箱受损达 1 383 只，其中临高金牌、澄迈桥头、昌江昌化海域的 971 只深水网箱几乎全军覆没。后经过各方努力恢复生产，2015 年 6 月，全省深水网箱养殖数量已恢复至 3 548 只。2017 年新增深水网箱 177 只，其中 100 m 周长 68 只、80 m 周长 88 只、60 m 周长 5 只，40 m 周长 16 只；其中澄迈县共 20 只（均为 100 m 周长）、昌江县共 68 只（60 m 周长 5 只、80 m 周长 15 只、100 m 周长 48 只）、三亚市共 26 只（40 m 周长 16 只、80 m 周长 10 只）、临高县共 63 只（均为 80 m 周长）。截至 2018 年年底，全省网箱总数达 4 285 只，养殖水体 615 万 m^3，养殖产量 5.13 万 t。全省网箱主要分布在临高县、澄迈县、陵水县、昌江县、三亚市等地，其中，临高县后水湾海域已发展成为全国乃至亚洲最大的深海网箱养殖基地，也是全国现代农业生产发展示范基地。

海南的深海网箱养殖的主要品种有卵形鲳鲹、石斑鱼类、军曹鱼、笛鲷类、眼

斑拟石首鱼等品种，其中，卵形鲳鲹为主养品种，占据养殖产量的90%以上，深海网箱养殖的卵形鲳鲹产品15%经海南省水产品加工厂速冻后销往加拿大、美国和多个欧盟国家，其余以冷冻或鲜活方式销往国内市场。

二、三沙海域网箱养殖基本情况

目前，三沙海域深水网箱主要分布在南沙群岛美济礁潟湖和西沙晋卿岛海域。2000年3月，农业部南海区渔政局组织有关科研院所，启动南沙群岛美济礁潟湖生态学及网箱增养殖技术研究课题，开始了我国远海珊瑚礁潟湖网箱养殖的首次探索。2002—2004年间，美济礁潟湖网箱养殖逐步由科研性养殖研究向生产性养殖试验转变，开展以生产为目的的军曹鱼、眼斑拟石首鱼养殖，并获成功。2007—2009年，临高泽业南沙渔业开发有限公司建设了10只直径12 m（周长37. 7 m）的圆形网箱；2010—2011年，海南富华渔业开发有限公司建设了52只4 m × 4 m的方形网箱。目前，52只4 m × 4 m的方形网箱安装在10只直径12 m圆形网箱内，10只直径12 m圆形网箱作为防鲨网箱，不作为养殖网箱。养殖品种以军曹鱼、龙胆石斑鱼和棕点石斑鱼为主。据海南富华渔业开发有限公司介绍，领取财政扶持资金后，养殖收益基本保本。

2010年9月，琼海时达渔业有限公司利用自筹资金在西沙晋卿岛上建设了3个可容纳80 t小杂鱼的冷库，在晋卿岛东北2 n mile的石屿岛海区投放了120只7 m×7 m×7 m的方形镀锌管网箱，养殖品种以军曹鱼和龙胆石斑鱼为主。2014年，琼海时达渔业有限公司与海南有关科研院所合作，在西沙海域安装了12只40 m周长的深水网箱，并开展了一系列的网箱养殖试验。

三、网箱养殖规划情况

为科学引导及规范全省深远海抗风浪网箱养殖发展，2012年海南省组织编制了《海南省深水网箱养殖发展规划（2012—2015）》，规划到2015年全省深水网箱养殖达到7 450只，其中：海南本岛周边海域5 100只和三沙海域2 350只。深水网箱养殖发展的总体布局：海南本岛海域以“临高-儋州”深水网箱养殖产业核心区建设为主体，逐步建设11个深水网箱养殖产业园区；三沙海域以西沙群岛为中心，逐步辐射整个三沙海域。

第三节　海南深远海抗风浪网箱养殖业发展存在的问题

一、深远海抗风浪网箱养殖投融资较难

投融资没有保障和流动资本周转的困难已严重制约深水网箱养殖的进一步发展。虽然深水网箱的利润和收益较传统网箱养殖高，但由于深水网箱养殖同时属于高风险行业，多数养殖者风险承受能力弱，项目存在一定的风险，信用担保和金融机构难以提供贷款支持，民间资本不愿意流向高风险行业，政府财政在扶持这种高风险行业经营中缺乏稳定的政策。所以，投融资困难和资金短缺成为深水网箱发展的首要阻碍。在对主要深水网箱养殖地区调研中发现，其产业规模在不断壮大的过程中，投资回报率受制尤其突出。现阶段 1 只网箱（周长 40 m）除投入框架等固定设施资金 5 万~8 万元外，养殖过程需要流动资金 15 万~35 万元，普通养殖者的资本难以承受。

二、深远海抗风浪网箱养殖风险机制不完善

深远海抗风浪网箱养殖频繁受台风和病害的影响，遇到灾害后多数只能事后重建。海南水产养殖风险保障机制不健全，尚无保险公司对台风等自然灾害或鱼病发生大批死亡时进行承保。目前，海南深水网箱仅能抵抗 12 级以下（含 12 级）的台风。当几十年一遇大于 12 级的台风来临时，深水网箱养殖产品有可能全部损失，养殖户几年经营累积的资本可能瞬间消失。虽然海南安排专项补贴扶持重建，但对于庞大的重建工程来说只是杯水车薪。

三、深远海抗风浪网箱配套装备技术缺失，劳动强度过高

深远海抗风浪网箱养殖系统是以深水网箱为主体，配备附属配套装备材料，才能形成强大的先进生产力。不同的深水网箱养殖生产方式对配套装备有不同的需求，通常以组合及系列产品出现。国外常见的配套装备有自动投饵机、养殖工船、机动快艇、水质环境监测装备、养殖监视装备、吸鱼泵和起网机等。而海南习惯上仍以传统的养殖管理方式为主，机械化及自动化程度不高，网衣安全检查靠手工拉网操作，网衣容易受损，分级养殖及收鱼困难。传统的养殖方式操作耗费大量的劳动力，并且工作劳动强度极高，严重制约了深水网箱产业做大做强。目前，深水网

箱养殖配套控制装备仅在国内个别深水网箱养殖基地进行试验与示范，尚未应用在海南的深水网箱养殖中。

四、深远海抗风浪网箱养殖产业链不完善

当前，海南深水网箱产业化程度尚低，产业链较短，产业整体上仍处于发展阶段。成熟发展状态的深水网箱养殖业具有完善的产业链，环节主要包括：设备研发制造、苗种繁育、饲料研制、技术培训、商品鱼零售、水产品加工、生物技术提炼深加工和出口创汇等若干环节。在正常发展形势下，如没有完善的产业链，单独的深水网箱养殖生产环节难以发展壮大。在海南深水网箱的产业构成中，除自动装备程度不高外，网箱框架系统装配的质量基本稳定；苗种供应基本满足养殖需求；饲料研制方面，除了卵形鲳鲹能实现全人工配合饲料养殖外，石斑鱼类和军曹鱼等鱼类的整个养殖过程全人工饲料喂养技术尚未突破；深水网箱养殖的商品鱼上市较为集中，商品集中上市期间一旦出口创汇受阻，鱼价下跌较为严重。产品积压，除了市场因素外，更主要的是海南对提高养殖产品的高附加值及对产品的精深加工方面认识不够。海南深水网箱养殖的主要品种卵形鲳鲹的销售主要是以鲜活和条冻产品为主，产品竞争力不强。

五、部分沿海市县对深远海抗风浪网箱养殖发展认识不足

随着海南国际旅游岛建设和城镇化发展的影响，海南海水养殖业陆基空间受压严重，深水网箱养殖在解决陆基发展有限、拓展养殖空间方面有着不可比拟的优势，沿海市县应重视和扶持鼓励发展深水网箱养殖业。但在调研过程中，笔者发现部分市县政府对深水网箱养殖业的发展存在理解和认识上的不足，不制订相关政策支持和鼓励企业发展。如三亚市由于旅游业的发展造成深水网箱养殖业逐步萎缩，乐东县尚未确定深水网箱项目选址，三沙海域深水网箱养殖发展受到海军的严格控制。

第四节　海南深远海抗风浪网箱养殖产业可持续发展的基本对策

一、充分重视养殖区域规划

深远海抗风浪网箱养殖是指设置在相对较深海域的海上设施化水产养殖，属于

自动流水高密度养鱼新工艺。但不是所有海域都适合深海网箱养殖，随着深海网箱业的不断发展，要解决的问题就是如何处理好数量与质量的问题。数量是可养殖区域规模的载荷问题，质量是产业的可持续发展问题，产业的发展不仅仅只是一个规模不断扩大的过程，质量的稳步发展才是这个产业发展的生命力所在。因此，深海网箱养殖的海域规划尤其重要，要严格执行深海网箱养殖规划，加强规划的监督，充分发挥规划的规范约束作用。

二、着力解决深远海抗风浪网箱养殖融资难题

深远海抗风浪网箱养殖产业具有庞大的产业链，是一项高投入、高风险、高产出的科学技术依赖型产业。在政策方面，坚持把发展深水网箱养殖放在海洋渔业增产增效和结构优化调整的重要位置，加大扶持力度，出台深水网箱产业发展的优惠政策，鼓励社会团体、企业和民间资本的加入。政府可通过财政提供相应的补贴，鼓励银行信贷和保险业扶持深水网箱业的发展。当前形势下，政府的优惠政策可为养殖者建立一个有效、便捷的融资平台，是解决养殖者融资难的一条有效途径。

三、积极探索养殖风险机制

坚持政策性的发展方向，进一步完善渔业保险、水产品养殖风险基金等海水养殖业，特别是深远海抗风浪网箱养殖业的风险补偿体系，防范自然灾害及事故对养殖造成的损失，确保产业的可持续发展。统筹考虑养殖渔民能承受的能力和财政补贴资金等因素，结合优势区域分布、地方需要和工作条件，选择具代表性的做法及时扩大推广，制订灾害应急预案，提高风险控制能力。通过保险的引导，增强渔民的发展信心。

四、完善深远海抗风浪网箱配套装备技术

目前，海南的深远海抗风浪网箱养殖只是初步解决了设施安全的基本技术，随着深水抗风浪网箱养殖业的不断发展，要解决的问题就是如何处理好数量与质量的问题。产业的发展不仅仅只是一个规模不断扩大的过程，质量的稳步发展才是这个产业发展的生命力所在。深水网箱的自动化装配，如自动投饵机、水下监视设备、水下洗网机、渔获回收设备等才是降低劳动强度的根本保证。故海南在不断发展规模的同时要注意引导企业装配自动化设备来提高养殖效率，政府可在具体的设备上给予一定的财政补贴扶持。

五、加快发展深远海抗风浪网箱养殖产业链经济

加快发展深水网箱养殖上下游产业链企业，全面发展网箱养殖相关的鱼苗育种、饲料生产供应、设备制造、养殖产品加工和产品出口贸易企业等，以延长产业链和壮大产业规模。“一条鱼可以带动一个产业”这就是对深水网箱养殖产业链的基本解释。深水网箱养殖的发展与相关产业共同形成产业集聚，形成特色产业集群。发展养殖产业化经营，推进产品加工与流通，要以市场为导向，加强品牌建设，高度重视产品的推销工作，以解决产品集中上市而造成的积压问题。

（一）加快苗种培育发展

扶持一定规模的重点育苗基地建设，力争开发几个深水网箱养殖新品种，从而在深层次上改变海南深水网箱养殖品种单一的局面。

（二）加强深远海抗风浪网箱养殖人工饲料的研发

随着深水网箱业的发展，单一全人工配合饲料已难于满足多品种养殖的需求，一些高值鱼类如石斑鱼类养殖的异军突起，不能单靠受资源制约自然捕捞的小杂鱼作为饵料。要加快养殖品种的人工饲料研发，重点研制产量经济效益好的养殖品种的人工饲料。

（三）健全养殖病害防治网络

建立深远海抗风浪网箱病害防治中心，在重点养殖基地建立防治站，各个大型养殖基地安排环境监测和鱼病检测，建成防治网络体系，加强对主要鱼病防治和养殖自身污染的技术攻关。

（四）积极开拓国内外市场

目前，海南深远海抗风浪网箱养殖品种的销售地和市场主要以沿海若干大城市为主，市场份额有限，亟须把网箱养殖产品打入内陆及国外市场，打造海南深水网箱养殖产品品质优良的品牌，加强销售方式多样化发展，积极引导消费者对养殖产品的消费倾向，扩大市场占有率。

六、提升深远海抗风浪网箱养殖产业发展空间

发展深远海抗风浪网箱养殖产业时，应积极结合国际旅游岛建设和城镇化建设，把深水网箱作为发展休闲渔业的一项内容建设，尝试在深水网箱养殖过程中，以旅游观光、垂钓的模式来发展，促进深水网箱养殖产业可持续发展。

第二章　网箱的结构、类型及选择

第一节　网箱的结构

深海养鱼网箱一般由网囊、箱架、沉子、浮力装置、固定装置和附属设施共 6 部分组合而成。目前，深海网箱养鱼使用较多的是高密度聚乙烯箱架的圆柱形网箱和浮绳式长方体形网箱（图 2-1 和图 2-2）。

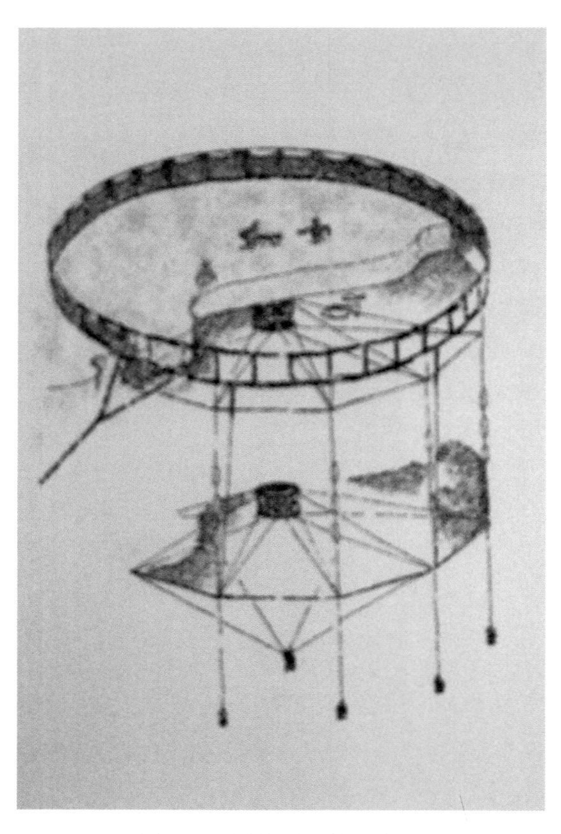

图 2-1　圆柱形网箱示意图

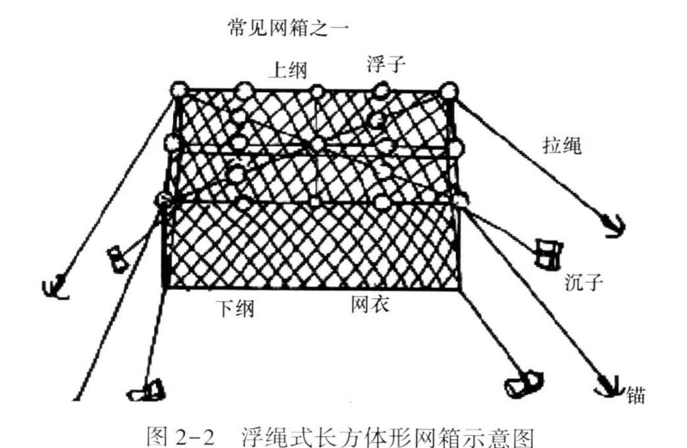

图 2-2　浮绳式长方体形网箱示意图

一、网囊

网囊是阻挡鱼类逃逸的阻挡物，是网箱的主要部分。网囊是由网线编织成网片，然后再缝制成不同的形状和规格。网囊由四周的墙网、底网和盖网缝合成一个封闭的网囊，当然也有不加盖的敞口网箱。网线的材料有尼龙线、聚乙烯线和聚丙烯线等几种合成纤维。由于聚乙烯线强度大、耐腐蚀、耐低温、吸水少和价格便宜等优点，所以最常用的是低压聚乙烯线。网目为 0.8 cm，培养长约为 10 cm 的鱼种，用网线为 210D4 聚酰胺线；网目为 2.5 cm，培养长约为 15 cm 的鱼种，用网线为 380D15 聚乙烯线；网目为 5 cm，养殖成鱼，用网线为 380D25 聚乙烯线。

盖网的作用：①浮式网箱防止网箱内养殖鱼跳出箱外和防鸟害，可在网箱顶部装置盖网，可提高网箱养鱼产量一二成；②升降式网箱或沉式网箱下沉时用作防止鱼类逃逸。

网囊的深度与网箱的养殖容量成正比。周长 50 m 的圆柱形网箱，网囊深度一般为 10~12 m，以 10 m 居多，在流水中容积约 1 400 m^3；周长 40 m 的网箱，网囊深度一般为 8~10 m，以 8 m 为宜，在流水中容积约为 700 m^3。

二、箱架

箱架浮于海面，用来吊挂和支撑柔软的网囊，使网箱保持一定的形状，具有浮力，能充当浮子的作用。目前，我国深海网箱的箱架，按材质划分，可分为高密度聚乙烯（HDPE 质）和钢材。按框架结构可分为浮式网箱、沉式网箱、固定式网箱、升降式网箱和浮绳式网箱。按形状可分为圆柱形、圆锥台形、长方体形、飞碟形、茶壶形和多面体。目前，我国通常使用圆锥台形浮式网箱、圆柱形升降式网箱和长方体形浮绳式网箱等几种。

三、浮力装置和沉子

浮力装置安装在网囊的上方，沉子安装在网囊的下方，它们的作用是使网箱能在水体中充分展开，保持网箱的设计空间和形状。为了保证盖网和底网能平铺，要在适当位置安装少量的浮子和沉子，保持网箱的有效体积。最常用和最普遍的浮力装置是密封的高密度聚乙烯塑料管和泡沫塑料浮子，沉子一般采用砂袋。

四、固定装置——锚和锚缆绳

锚和锚缆绳用来固定网囊，使其保持在一定的水域范围内（图 2-3）。固定系统分锚固定、桩固定和锚桩固定。在水下固定系统中，主要部件由桩（锚）、钢丝绳（锚链）绳索、浮筒以及一些加固、连接这些部件的环套、卸扣、连接环组成。桩（锚）通过固定索先连接浮筒，再用绳索连接网箱（图 2-4）。总之固定系统的装配不仅要求使用高强度配件，还要求轻便及简单化设计理念，以利用系统的维护管理。锚有铁锚或混凝土锚，锚缆绳用聚乙烯绳或钢索等缆绳均可，长度应超过水深的 3 倍。

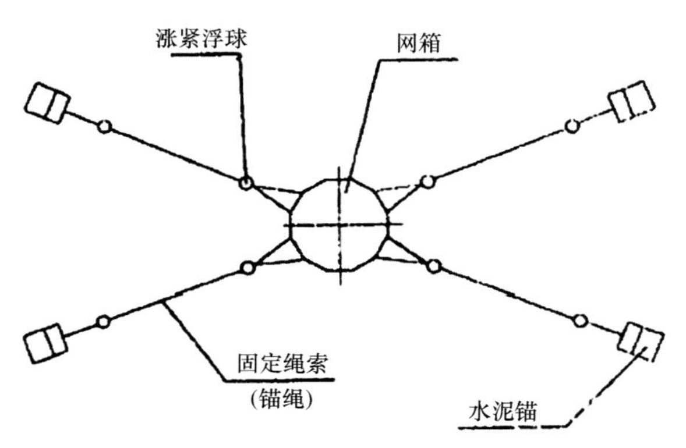

图 2-3　网箱固定布置示意图

五、附属设施

深海网箱的附属设施包括：水下监控设施、投饲设备、换网设施、高压冲洗网箱设施、工作船艇、工作平台，还有饲料粉碎机、水质监测仪、小型发电机组、运输船和生活用具等。

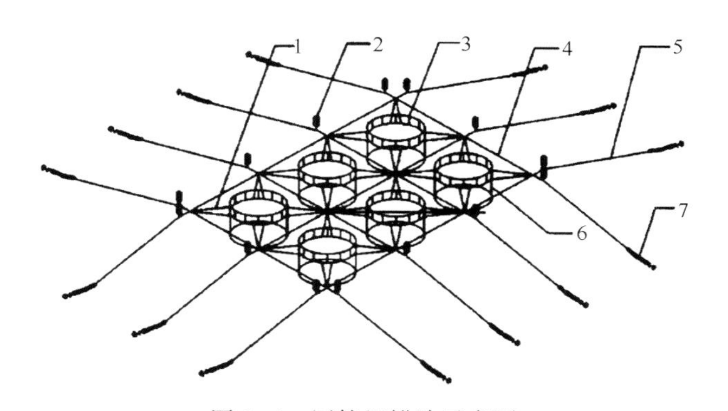

图 2-4　网箱组锚泊示意图

1. 网箱固定缆绳；2. 缓冲浮体；3. 箱架；4. 缓冲装置主缆绳；
5. 锚缆绳；6. 网囊；7. 锚和锚链

第二节　网箱的类型及选择

网箱的类型多种多样，比较复杂，大致上根据工作时网箱的固定形式可分为：浮式网箱、沉式网箱、升降式网箱、固定式网箱、可翻转网箱和浮绳式网箱；按网箱的力学结构形式区可分为：重力式网箱、锚张式网箱和自张式网箱；按网箱框架材料的柔性可分为：柔性框架网箱和刚性框架网箱。

目前，我国深海网箱的主要类型是重力式网箱，包括浮式网箱与升降式网箱两种，还有浮绳式网箱和碟形网箱。以下介绍几种在国内常见的可能是适合我国国情的深海网箱。

一、浮式网箱

浮式网箱可随水位变化而浮动，适用于浅海区各种水域，是世界上应用最为广泛的网箱形式。使用较普遍的高密度聚乙烯（HDPE）浮式网箱，采用高密度聚乙烯管材做箱架，网箱底圈用 2~3 道直径为 250 mm 的聚乙烯管，用以网箱的成形和浮力，并配以高强度尼龙网囊和锚泊系统。规格有周长 40 m、深 8 m 和周长60 m、深 10 m 等。其优点是操作管理方便，投饲简单且可观察鱼群摄食，设备成本较低。缺点是抗风浪在 10 级以下，抗流能力不强，在海流中网衣漂移严重，容积损失率高，适于港湾及半开放海域。目前国内主要浮式网箱有：圆形高密度聚乙烯（HDPE）浮式网箱（图 2-5）、方形高密度聚乙烯（HDPE）浮式网箱（图2-6）和方框形钢架浮式网箱（图 2-7）。

图 2-5　圆形高密度聚乙烯（HDPE）浮式网箱

图 2-6　方形高密度聚乙烯（HDPE）浮式网箱

图 2-7　方框形钢架浮式网箱

圆形浮式网箱的箱架为圆形（图 2-8），周长一般在 32~60 m，由两条直径为 250 mm 的主浮管、一条直径为 110 mm 的扶手管通过支架、电熔、三通热焊连接而成。箱架材料为高密度聚乙烯（HDPE），网囊材料采用高强度聚乙烯（PE）或锦纶（PA）线编织而成。为防止网囊污损，可采用防污损涂层，为防网具老化，延长使用寿命，网囊加工工艺采用抗紫外线、抗老化技术。从增加抗风浪和有利于水体交换等方面考虑，通常采用圆形。网囊高度（6+1）m~（10+1）m（指水下 6 m，露出水面 1 m），网囊底部离海底至少有 5 m 的距离。

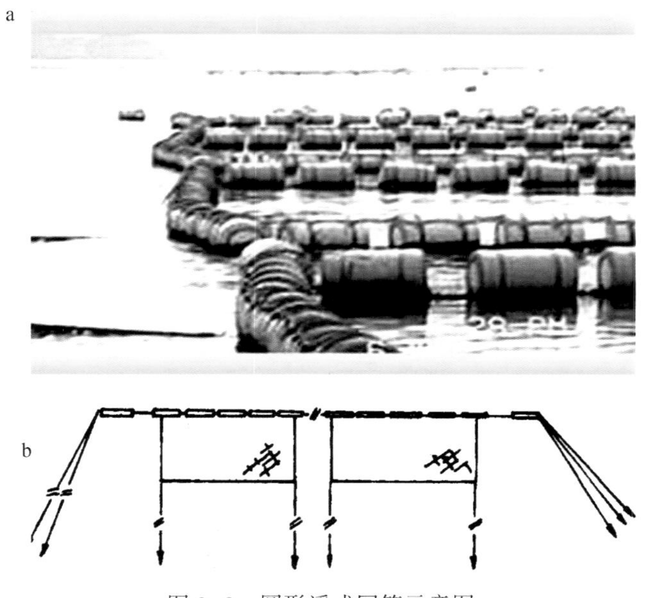

图 2-8　圆形浮式网箱示意图

二、升降式网箱

根据海洋学原理，波浪强度随水深增加呈指数迅速衰减的规律，将浮式网箱沉降到水下一定深度可提高抵御强风大浪的能力。当网箱沉降到深度为波长 1/9 时，此处波高仅为海面波高的 50%。所以，HDPE 升降式网箱的最大优点是强风大浪来临时，可迅速降至预定水深，以保网囊和鱼类的安全，其他性能与 HDPE 浮式网箱基本一致。我国的升降式网箱都采用进水排气和充气排水两个过程实现升降，台风过后再起浮于水面；另一种方式是把网箱沉于海底养殖，只在需要时再升浮至水面。

2005 年 9 月 30 日，18 号台风“达维”在海南省万宁市登陆，风速达 50 m/s，属 15 级强台风。位于万宁隔壁的陵水黎族自治县近海的 18 组、72 只升降式网箱，在台风到来之前提前沉入离水面 6 m 深的海中，台风过后网箱重新露出水面，网箱毫发无损，成品鱼和鱼苗都安然无恙。说明升降式网箱在强台风中是经得起考验的，显示出它优越的抗风浪性能。

我国自行研制的圆形高密度聚乙烯（HDPE）双浮管升降式网箱的主要技术性能为：抗风浪性能——可抗 12 级台风、12 m 浪高，在 1 m/s 流速下容积率达到 85%；下潜状态——在 1 m/s 流速内，网箱浮起和沉降的倾斜角保持在 10°内；下潜时间——网箱下潜时间 8～15 min（可控），网箱上浮时间 3～13 min（可控）；下潜深度——网箱下潜深度 -4～-10 m（可事前设定）；使用寿命——整个框架无任何金属件，基本不需要维修，框架使用寿命达 10 年以上，网衣使用寿命为 2～3 年（图 2-9）。

图 2-9　圆形高密度聚乙烯（HDPE）双浮管升降式网箱

圆形升降式网箱的箱架与网囊结构和圆形浮式网箱基本相似，所不同的是升降式网箱具有控制网箱升降的进、排水装置。控制进气和排水的阀门的设计采用了自重敏感元件，能感受水量自动控制阀门的开启和关闭。在下潜时，上、下阀门能自动开启，使管中空气排出、水从下阀门双向进入，网箱下潜；上浮时，压缩空气导入，上阀门中的敏感元件能自动将阀门关闭，空气将压迫管中水体通过下阀门排出；当下阀门所处的管段中的水排尽时，下阀门也自动关闭，保证管中的水体能顺序干净地排出。由于敏感元件的使用，减少了人员的控制操作，使得网箱的升降操作极为方便。双浮管采用隔仓和半隔仓结合使用，使管中的水和气的流动方向稳定，结合阀门的自动功能和网箱的双向进、排水布局，使网箱的升降状态实现了可控制。

三、浮绳式网箱

浮绳式网箱由绳索、网囊、浮子及铁锚等构成，整体呈柔体结构（图 2-10）。它用高强度尼龙绳索拉成框架，网囊采用尼龙材料或聚乙烯网线。网箱整体可随波浪上下起伏，具有“以柔克刚”的作用。柔性框架由两根直径 25 mm 的聚丙烯绳作为主缆绳，多根直径 17 mm 的尼龙绳或聚丙烯绳作为副缆绳，连接成一组若干个网箱软框架。网箱是一个六面封闭的网囊，不易被风浪淹没而使鱼逃逸。浮绳式网箱最大的优点是制作容易，价格低廉，养殖渔民自己也可以制作，操作管理也方便。其缺点是，在海流作用下，容积损失率也较高，抗风浪能力较低，只能抵御 8 级以下的热带低压。

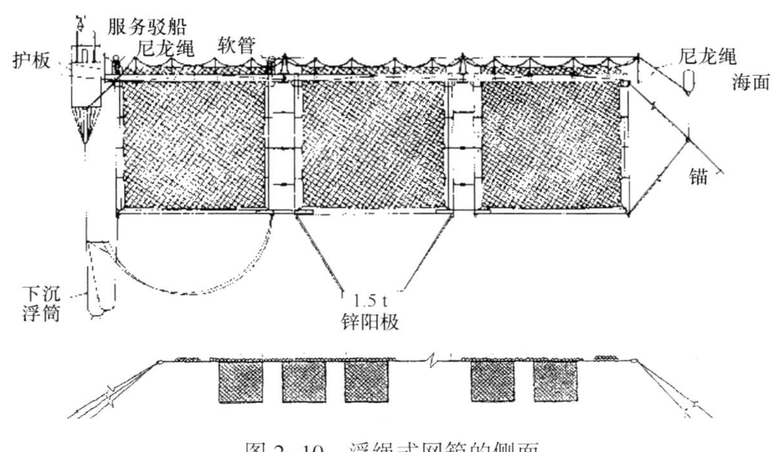

图 2-10 浮绳式网箱的侧面

四、碟形升降式网箱

碟形升降式网箱又称中央圆柱网箱，它由浮杆及浮环组成（图 2-11 和图 2-12）。浮杆是一根直径 1 m，长 16 m 的镀锌钢管，作为中轴，既作为整个网箱的中间支撑，也是主要浮力变化的升降装置。在 15~30 s 内可从海面降到 30 m 水深处。周边用 12 根镀锌钢管组成周长 80 m，直径 25. 5 m 的 12 边形圆周，即浮环。再用上、下各 12 根超高密度聚乙烯纤维（DSM）绳索与圆柱两端相连，类似撑开的雨伞和自行车辐条，下用重锤稳定压载，构成碟式形状。其表面积达 600 m^2，容量约 3 000 m^3。箱体在 2. 25 kn 流速下不变形，抗浪高能力达 7 m。网箱上部有管子连接，便于放苗及投饲，中上部网衣上有一拉链入口，供潜水员出入，以便于高压水枪冲洗清洁网衣，收集死鱼，检查网衣破损。

碟形网箱的优点是抗风浪性能好，养殖容积损失少，比较适合用于水深大于25 m的开放性海域，可控制下潜深度大于5 m，抗流能力达到1.5 m/s，容积基本不变；缺点是设备成本较高，管理及投饲不便，常需要潜水员操作。

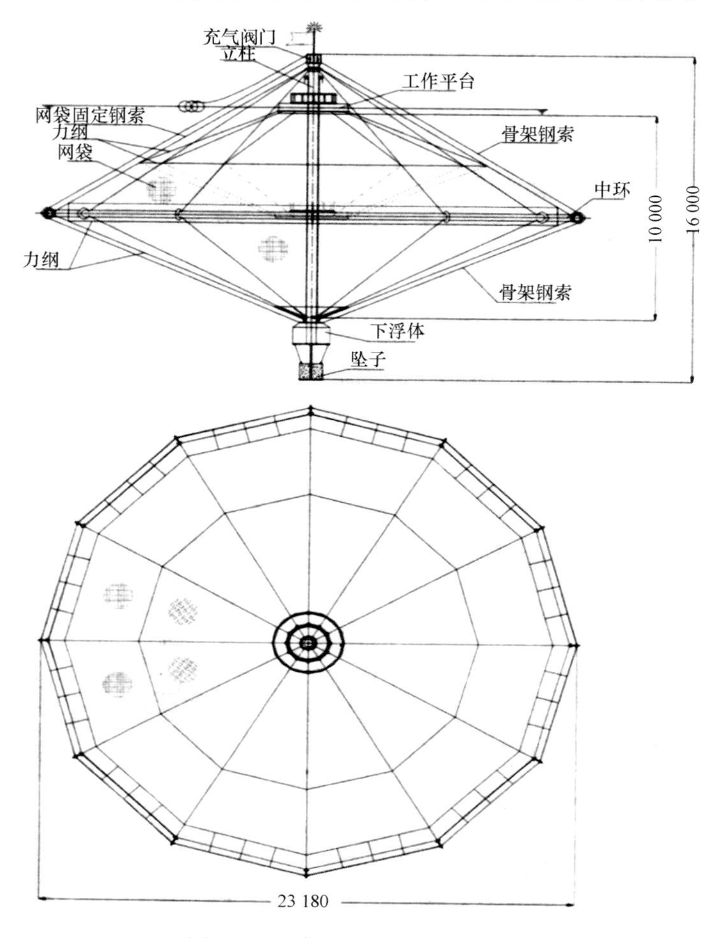

图2-11　碟形升降式网箱总布置

图2-12　碟形升降式网箱示意图

五、张力腿网箱

张力腿网箱，简称为 TLC 型网箱，由坛子形网箱、张力腿和锚桩 3 部分组成（图 2-13）。张力腿网箱的优点：①抗风浪能力较强，网箱通过张力腿的牵引作用牢固地系在锚桩上，并可以在海水中随波逐流，风平浪静时 TLC 型网箱颈部可以漂浮于海面，大风大浪时整个网箱被淹没在海水之中，避免风头浪尖的冲击（图 2-14）。可经受 11.7 m 浪高风浪的考验，安然无恙，流速 2 kn 时网箱体积缩小不超过 25%；②结构较简单，造价较低，大大减少了高密度聚乙烯材料的用量。然而，国内尚未生产这种网箱，缺少实践经验和教训。

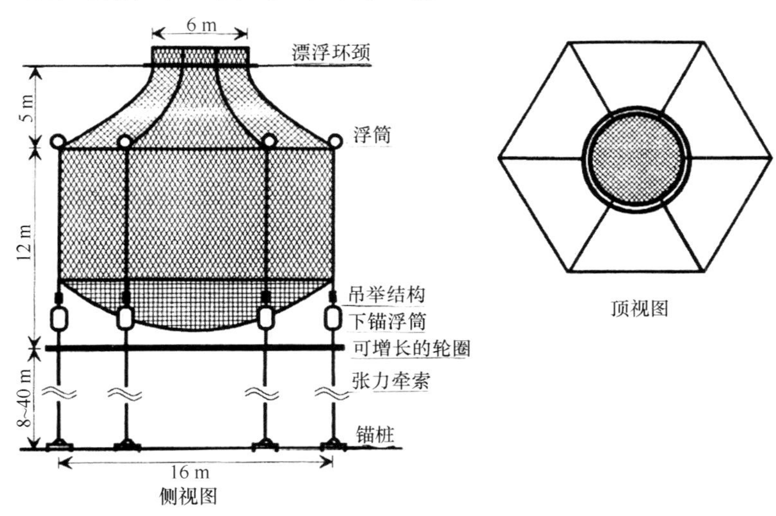

图 2-13 TLC1800 型网箱结构示意图

六、可翻转网箱

可翻转网箱是用钢管、有机合成材料制成固定的立方体框架，外面均包被网衣，其中一个面上留有可开启的小门供投放鱼苗和饲料使用（图 2-15）。整个网箱可绕一轴翻转，这种网箱的特点是体积较小，便于洗刷附着的杂藻等污损生物，且形状固定，不为海流所改变。使用时，有一面网衣暴露在水面以上，网底上的杂藻等经太阳曝晒后便于清刷。每隔一定时间翻转 1 次，让网箱的各面依次曝露于阳光之下，可按时清刷杂藻。这样，一是可减少网更换次数；二是在大风浪来临之时，可全部沉入海水中，以免风浪袭击。

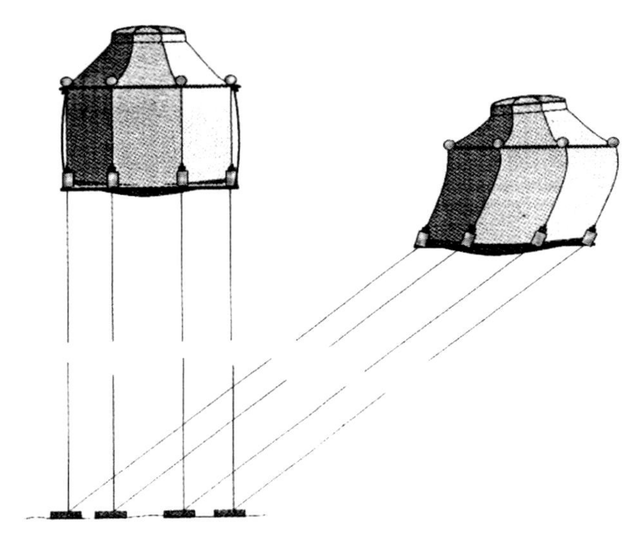

图 2-14　TLC 型网箱在海流中漂移的状态示意图

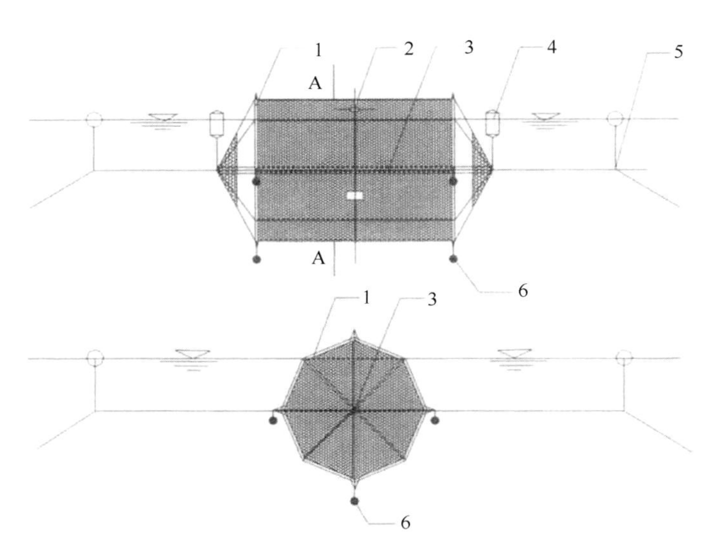

图 2-15　可翻转网箱

1. 网箱八边形钢制框架；2. 网箱的投饲网袖；3. 网箱中心支撑柱；4. 网箱沉浮控制浮筒；5. 网箱水下锚碇框架；6. 网箱翻转调控沉子

第三章　网箱养鱼海区和鱼类种类选择

第一节　网箱养鱼海区条件的选择

深海网箱养鱼的主要目标有三：一是养成适销对路、质量安全的鱼产品；二是提高生长速度，以最小的投入，获得最高的产出；三是改善养殖环境，增强鱼类的免疫能力，控制病害的发生，提高养殖成活率。

深海网箱养鱼产业是一个开放式的复杂体系，养殖鱼类与环境之间发生物质、能量和信息的交流，影响以上目标实现的因素较多，如按主次和先后关联作用来划分，大致可以分为4个层次。第一层次是生物要素，主要有放养密度、病害和个体种质3项因素。它们与养殖种类和健康直接相关，而且是可选择和管理的因素，将在网箱养鱼种类及选择一节中专题叙述。第二层次是水文和水质要素，主要包括盐度、潮流、浪高、底质、水温、溶氧量（DO）、化学耗氧量（COD）、生物耗氧量（BOD_5）、叶绿素 a、pH 值和污染等因素。它们是影响网箱养鱼的主要限制因子，是可选择合适的养殖海区和调节控制的因素。第三层次是营养要素，主要包括饲料配方、制作工艺和投饲方法等，这是可以调节控制的。第四层次是气象要素，主要包括气温、光照、风、降水量和台风、风暴潮等因素。这些气象要素基本上是不可人为调控的，而且还有很大的突发成分。所以，在网箱养鱼中应着力调节以上因素的关系，以利促进鱼类的生长和成活率的提高。

所以，在选择网箱养殖的海区时，既要考虑上述的第二层次和第四层次的环境条件，最大限度地满足养殖鱼类生存和生长的需求，又要符合深海网箱养鱼方式的特殊要求。应预先对准备养殖的海区进行全面、仔细的调查，选择风浪较小、潮流畅通、地势平坦、底质合适、水质无污染的海区。而且还要考虑苗种和饲料的来源是否方便，交通、通信和管理上的便利，社会治安状况的良好与否等。在航运频繁的航道、旅游海区、排污区、赤潮常发区、自然保护区和军事区，即使各项指标都适宜，也不宜选择作为网箱养殖海区。在选择海区时要特别考虑以下几点。

一、水深和底质

目前，我国深海网箱的规格主要是直径 40 m、50 m、60 m 和 80 m 几种，网囊深度 8 m 以上。所以，在考虑波浪因素的情况下，设置浮式网箱海区的海水深度一般应选择在 14 m 以上，设置升降式网箱海区的海水深度一般应选择在 19 m 以上，网箱网底离开海底至少要超过 5 m，以保证网箱在大风大浪的恶劣天气下，不至于触底而损坏。

底质选择，以泥沙质和沙质为好，以利抛锚和水质清洁。一般要求海区底部较为平坦，海域为半开放型和开放型。必须对网箱养殖海域的地质状况做详细的勘查，以避免网箱固定困难。

二、海流条件

由于我国深海网箱的抗流能力较低，现有网箱的抗流能力为 1.0 m/s 以内，在 1.0 m/s 流速下容积率能达到 85%；有新设计的网箱其抗流能力要求达到 1.5 m/s，在 1.5 m/s 流速下容积率达到 70%。如果流速大于 1.0 m/s，容易产生网箱网囊变形，难以保持网囊的形状和有效养殖容积。

潮汐流向分为往复流和旋转流，对于网箱养鱼而言，一般以往复流比较适宜，旋转流易造成网箱网衣严重扭曲变形，网箱的容积减小，并危及养殖鱼类的安全。要避免在潮流紊乱、海底地形起伏较大、多漩涡的海区建立网箱养殖区。

三、波浪

波浪对深海网箱养鱼影响较大，过大波浪会直接威胁鱼类的生存，所以，浮式网箱养鱼一般选择在浪高小于 8 m 的海区，升降式网箱养鱼一般选择在浪高小于 12 m 的海区。有规律周期的长波涌浪对网箱作用力较小，然而，海区的开花碎浪会直接作用于网箱框架和网囊，往往引起箱架受力不均而断裂，进而造成网衣破损。

四、恶劣气候

台风和风暴潮等恶劣的气候条件会对深海网箱养鱼造成较大的损失。升降式网箱一般可抗 12 级以上的台风，浮式网箱一般可抗 10 级以下的热带风暴，浮绳式网箱一般只能抗御 8 级以下的热带低压。

五、水温

海水温度是影响深海网箱养殖鱼类生长速度的重要因素。在海南热带海区网箱养鱼选择军曹鱼、卵形鲳鲹、眼斑拟石首鱼、石斑鱼和笛鲷类等暖水性鱼类，它们适宜水温在20~30℃，最适水温在25~28℃，当水温降至20℃以下，鱼食量减少，生长减慢。

六、水质

深海网箱养殖暖水性鱼类对海水水质要求较高，总体上要符合国家海水水质标准（GB 3097—1997）、渔业水质标准（GB 11607）、农产品安全质量无公害水产品产地环境要求（GB/T 18407.4）、无公害食品海水养殖用水水质（NY 5052）（详见第九章表9-1）。具体要求是海水盐度15~33，溶氧量5 mg/L以上，pH值7.5~8.6，透明度30 cm以上。养殖海区应避开工农业生产、城市生活污水的影响，养殖海区最好邻近陆地和海岛，以方便产品和饲料等的运输和生活，养殖海区最好邻近淡水资源。

七、养殖海区赤潮情况

赤潮往往造成养殖鱼类的大批死亡，作为养殖区域须掌握选择海区和邻近海区的历年赤潮情况，网箱养殖要回避赤潮常发区。要关注赤潮预报，如有赤潮发生的预兆应及时把网箱转移到安全海域。因此，应该对赤潮发生的频率、范围、种类、规律和危害程度等进行调查，以避开赤潮的影响。

八、海区污损生物

经常清除滋长在养鱼网箱上的污损生物，是一项十分重要又非常艰难的工作。网箱滋长污损生物会堵塞网囊的网目，阻碍网箱内外水体交换，又增加了网箱重量，甚至撕裂网囊，从而增加换网的次数和劳动强度。所以，要对养殖海区附近的生物资源状况进行调查，如调查附着生物、敌害病害生物、病原宿主生物的种类、数量和繁殖期以及饵料生物资源量等，以便采取防污损措施，加以防范。

第二节　网箱养鱼种类及选择

我国海水养殖的鱼类种类较少，约 50 余种。其中可供网箱养殖的品种有：鲈鱼、大菱鲆（俗名多宝鱼）、眼斑拟石首鱼（俗名美国红姑鱼、美国红鱼）、牙鲆、大黄鱼、鮸状黄姑鱼（俗名鮸鲈）、史氏鲟、真鲷、黑鲷、石斑鱼、六线鱼、黑鲪、军曹鱼（俗称海鲡）、卵形鲳鲹（俗名黄腊鲳、金鲳鱼）、红鳍笛鲷（俗名红鱼）和紫红笛鲷（俗名红鲉）。海南深海网箱养殖的鱼类，目前主要有：军曹鱼、卵形鲳鲹、红鳍笛鲷和紫红笛鲷等几种，种类非常有限，急待开发和发展。

选择作为热带深海网箱养殖的鱼类品种，主要标准：①鲜鱼或加工品要适销对路，市场大。深海网箱的养殖容量大，养成起捕时一个网箱可捕获十几吨鲜鱼，没有足够大的鲜鱼销售量和加工能力，是无法持续生产的；②生长快、个体较大，一般要求在一年内养成，达到商品鱼规模；③抗病害能力强，养殖成活率高；④苗种易得，或人工繁殖和育苗技术成熟；⑤食性较杂，最好能以人工配合饲料为食，饲料成本低，因为网箱养鱼成本中饲料成本是大头；⑥暖水性品种，适宜在热带海域中生长发育。

针对以上选择标准，本书着重介绍军曹鱼、卵形鲳鲹、红鳍笛鲷、紫红笛鲷、点带石斑鱼、鞍带石斑鱼、眼斑拟石首鱼和点蓝子鱼共 8 种深海网箱养鱼种类的养殖生物学特性，供海南和热带海域的业者养殖选用。

一、军曹鱼养殖生物学特性

军曹鱼（*Rachycentron canadum*），隶属鲈形目、军曹鱼科、军曹鱼属，地方名海鲡、海龙鱼。

军曹鱼（*Rachycentron canadum*）

（一）生态习性

军曹鱼为热带暖水性海水经济鱼类，水温 23~29℃时，生长最迅速，水温低至

21℃，摄食量明显降低，19℃不摄食，17~18℃活动减弱，静止于水底，16℃开始死亡，水温升至36℃，虽有摄食行为，但已开始死亡。

军曹鱼为广盐性鱼类，盐度为10~35时，有明显的摄食活动，盐度为40时，摄食量减半，盐度为43时仅有微弱的摄食行为，盐度为47时开始死亡。从盐度为30直接降至盐度5时，不会立即死亡，尚有摄食行为。盐度为5时以每日降1的速度，降至盐度为3时，无摄食行为，并开始死亡，48 h内死亡1/2。其长时间在超高盐度或超低盐度生活，生长迟缓或抵抗力低下。较大的军曹鱼对低盐度的忍受力较低，盐度低于8时，即没有摄食活动。作为食用鱼养殖，盐度保持在10~35为宜。

平均体重为0.5 g的鱼苗，水温为30℃时，耗氧率为1.08 mg/（g·h），致死溶氧量为1.7 mg/L；水温为28℃时，耗氧率为0.86 mg/（g·h），致死溶氧量为1.5 mg/L。成鱼的耗氧率明显低于鱼苗，体重为16.0~18.4 kg的成鱼，盐度为29时，水温从17℃上升至32℃，耗氧率从0.357 mg/（g·h）增加到0.880 mg/（g·h）。

军曹鱼是凶猛性肉食性鱼类，在自然海区，幼鱼主要食物是枝角类、小型甲壳类、虾蟹类、虾姑和小鱼等。全长1 m以上的军曹鱼，则以食鱼为主，鱼占其食物总量的80%。养殖仔稚鱼以枝角类、丰年虫等为食，体长6~9 cm的幼鱼，可用鱼肉绞成肉糜或碎鱼肉投喂，1个月以后则可摄食鱼块，3个月后可喂整条小鱼。其食性贪婪、饱食不厌，故生长甚为迅速。在人工养殖条件下，军曹鱼经驯化后可摄食人工颗粒状浮性或沉性饲料。

（二）生长速度

军曹鱼生长速度极快，当年鱼种养殖6~7个月，体重可达3~4 kg，养殖1年，体重可达6~8 kg以上。当年鱼生长速度见表3-1。

表3-1　军曹鱼的生长速度

月龄	1	2	3	4	5	6	7	8
体长/cm	5~8	17	28	37	48	57	68	78
体重/g	2~3	55	420	960	1 800	2 600	3 500	4 200

（三）繁殖习性

军曹鱼性成熟年龄为2龄，雄鱼体重7 kg以上，雌鱼体重8 kg以上。在人工养殖条件下可培育成亲鱼，南方网箱养殖的军曹鱼性成熟最小生物学年龄，雌性1.5龄，体重为8 kg的雌鱼可达性成熟，自然产卵；雄性1龄，体重为7 kg的雄鱼可产生有活力的精子。在生殖季节，军曹鱼雌鱼背部黑白相间的条纹会变得更为明显，腹部突出，而成熟雄鱼条纹不明显或消失，腹部较小。相对怀卵量为 16 万粒/kg 体重，即 8 kg 体重的亲鱼怀卵 128 万粒。在自然海区，军曹鱼为多次产卵鱼类，生殖期较长，产卵适宜温度为 24~29℃。亲鱼在产卵期游入近岸浅水区域或港湾产卵，大部分仔、稚鱼出现在水温为 25~30℃，盐度大于 27，水深不超过 100 m 的水域。产卵期，在海南为 2 月底至 5 月为产卵高峰，往后有零星产卵，直至 10 月。受精卵透明略带淡黄色，圆形，浮性。受精卵膜吸水后略膨胀，卵径 1.35~1.41 mm，每千克卵约 50 万粒。质较差的卵不透明，浮性不佳，卵膜腔不明显。孵化时间，当水温 24~26℃时，约 30 h 开始孵出；水温 28~30℃时，约 22 h 开始孵化出膜。

二、卵形鲳鲹养殖生物学特性

在海南等我国南方海区养殖有卵形鲳鲹（*Trachinotus ovatus*）和布氏鲳鲹（*Trachinotus blochii*）两种鲳鲹，均属于鲈形目、鲹科、鲳鲹亚科、鲳鲹属，地方名金鲳鱼、黄腊鲳、黄腊鲹、卵鲹等。这两种鲳鲹外形相似，后者背鳍和臀鳍较长，所以通常称卵形鲳鲹为“短鳍金鲳”，称布氏鲳鲹为“长鳍金鲳”。由于卵形鲳鲹耐寒能力强于布氏鲳鲹，养殖较为普遍，以下着重介绍卵形鲳鲹养殖生物学特性。

卵形鲳鲹（*Trachinotus ovatus*）

（一）生态习性

卵形鲳鲹是一种暖水性中上层洄游性鱼类，在幼鱼阶段，每年春节后常栖息在河口海湾，群聚性较强，一般不结成大群，成鱼时向外海深水移动。其适温范围为 16~36℃，生长的最适水温为 22~28℃，水温下降至 16℃以下时，停止摄食，水温为 16~18℃时，少量摄食，存活的最低临界温度为 14℃。该鱼属广盐性鱼类，适盐范围为 3~33，盐度为 20 以下时生长快速，在高盐度的海水中生长较差，最低临界溶氧量为 2.5 mg/L。抗病害能力较强，养殖成活率达 95.09%~98.56%，平均成活率为 97.44%。

布氏鲳鲹（*Trachinotus blochii*）

卵形鲳鲹为肉食性鱼类，初孵的仔稚鱼取食各种浮游生物和底栖动物，以桡足类幼体为主；稚幼鱼取食水蚤、多毛类、小型双壳类和端足类；幼成鱼以端足类、双壳类、软体动物、蟹类幼体和小虾、鱼等为食，稚幼鱼不会自相蚕食。在人工饲养条件下，体长 2 cm 时能取食搅碎的鱼和虾糜，成鱼以鱼、虾片块及专用干颗粒料为食。饲料系数为 1.6~2.4，平均为 2.0。

（二）生长速度

卵形鲳鲹生长快，个体大，可达 5~10 kg，当年鱼年底一般可长到 400~500 g，从第二年起，每年的绝对增重量约为 1 kg。由于食量大，消化快，在人工饲养条件下，喂食后停留不长的时间，若再投喂适口的食物，仍然凶猛争抢，生长速度很快，养殖半年体重可达 500 g 左右，养殖者可根据其生长速度非常快的特点，选择在生长最快的 6—8 月加大投饲量，促其迅速生长，尽快达到上市规格，压缩其生长周期，降低风险。各年龄段的生长状况见表 3-2。

表 3-2　卵形鲳鲹各年龄的体长和体重

年龄组	体长/mm	体重/g	年绝对增长量/g
1 龄	270（230~310）	643（400~950）	643
2 龄	368（320~400）	1 520（950~2 000）	877
3 龄	467（424~504）	2 756（2 250~3 300）	1 236
4 龄	500（480~520）	3 669（3 300~4 050）	913

（三）繁殖习性

卵形鲳鲹属离岸大洋性产卵鱼类，人工繁殖于每年 4—5 月开始，一直持续到 8—9 月。卵形鲳鲹的性成熟年龄为 7~8 年，个体生殖力为 40 万~60 万粒。天然海区孵化后的仔稚鱼 1. 2~2 cm 开始游向近岸，长成 13~15 cm 幼鱼又游向离岸海区。卵形鲳鲹成熟卵呈圆形，受精卵为浮性、无色，卵径 950~1 010 μm，油球直径 220~240 μm，有少量为多油球。受精卵在水温 18~21℃、盐度为 31 的条件下，胚胎发育历时 41 h 27 min 后孵出仔鱼。在水温 20~23℃、盐度为 28 的条件下，胚胎经过 36~42 h 的发育，孵化出仔鱼。胚胎发育为盘状卵裂，胚体后期的发育速度较快，仔鱼脱膜孵化的速度非常快，基本上在 1 min 内就可以完成。初孵仔鱼平均全长为 1. 548 mm，卵黄囊较大。

三、红鳍笛鲷养殖生物学特性

红鳍笛鲷（*Lutjanus erythopterus*）隶属鲈形目、笛鲷科、笛鲷属。地方名红鱼、红曹、横笛鲷，是南海及北部湾的重要经济鱼类，海南出产的红鱼干是著名的特产。

红鳍笛鲷（*Lutjanus erythopterus*）

（一）生态习性

红鳍笛鲷属暖水性中下层鱼类，栖息于水深 30~100 m 泥沙、泥质或岩礁底质海区。红鳍笛鲷性喜垂直移动，黄昏和早晨多栖底层，白天和夜晚常游到中上层。广温性鱼类，生存水温范围为 8~33℃，最适宜生长水温为 25~30℃。在水温低于 12℃的环境下生活时间过长，会被冻死。喜栖息的底层水温范围为 17. 6~27. 2℃，底层盐度范围为 32~35。红鳍笛鲷为杂食性鱼类，其所摄食的饵料种类很多，如鱼、虾、头足类等。仔鱼开口饵料主要是轮虫，10~20 日龄可以摄食轮虫、枝角类和桡足类；20 日龄以后，开始投喂鱼肉糜与配合饲料。

（二）生长速度

红鳍笛鲷是生长快、个体大、养殖产量高的鱼类。体长一般都在 20 cm 以上，体重 2~3 kg，最大个体体长可达 65 cm 以上，体重 6 kg。仔魚生长较快，孵出后

1 个月可长达 20~30 mg，红鳍笛鲷体长生长速度见表 3-3。一般体长与体重的关系是：体长 330 mm，体重 1 500 g；体长 400 mm，体重 2 000 g；体长 470 mm，体重 3 000 g。在人工养殖条件下，30 mm 的鱼种经 8~12 个月，体长可达 350~500 mm。生长速度与水温关系密切，从近年来养殖实践说明，水温在 20℃ 以下鱼生长缓慢，而 25~30℃的水温，250~350 g 的幼鱼每个月平均可增长 100 g 以上，350 g 以上的幼鱼每个月平均就能增长 150 g 以上。

表 3-3　红鳍笛鲷人工养殖生长速度

年龄	1	2	3	4	5	6	7	8	9
体长/mm	277	315	392	431	444	467	490	500	531

（三）繁殖习性

红鳍笛鲷属分批产卵类型，在自然海区，每年 3—7 月集群繁殖，繁殖季节，由深海游向浅海产卵，产卵后又游返深海觅食生活。产卵期较长，从 3 月开始，延续到 7 月，4 月大量产卵，6 月达到产卵高峰。体长 30 cm 左右的亲鱼，平均怀卵 36 万粒，体长 40 cm 的亲鱼怀卵 106 万粒，50 cm 的怀卵量可达 230 万粒。卵圆球形，浮性，卵膜稍厚，具弹性，光滑无色，卵径 860~920 μm。在水温为 29~30℃、盐度为 32 的水中，经 15~16 h，仔鱼孵出。

四、紫红笛鲷养殖生物学特性

紫红笛鲷（*Lutjanus argentimaculatus*）隶属鲈形目、笛鲷科、笛鲷属，地方名红鲉、银纹笛鲷，是海南等我国南方沿海的主要海水养殖鱼类。

紫红笛鲷（*Lutjanus argentimaculatus*）

（一）生态习性

紫红笛鲷属暖水性中下层鱼类，广温性鱼类，生存水温范围为8～33℃，适宜生长水温为15～30℃，适于摄食与生长水温为24～27℃，此时生长最快。长期生活在低于12℃的水温环境下，会出现被冻死现象。广盐性，适应盐度范围为5～40，养殖时正常盐度为10～20。在自然条件下，多栖息于近海、河口半咸水及淡水水域。不仅能在海水和咸淡水中生活，而且也能在淡水中正常生长发育。以肉食性为主，生活在自然海区中以小型甲壳类、鱼类为主要食物来源；在人工养殖条件下，经过驯化，可以投喂人工配合饲料。由于紫红笛鲷具备广温性、广盐性、食性较杂、抗病力强、肉质好等养殖生物学特性，所以是一种优良的海水养殖种类。

（二）生长速度

紫红笛鲷还具有生长快，个体较大，养殖周期短的特点。体长一般为20～30 cm，大者可达60 cm，体重达4 kg。养殖周期一般为6～8个月，体重可达600～800 g。在养殖条件下，1龄鱼体重为410～550 g，2龄鱼体重为1 250～1 500 g，3龄鱼体重为2 200～3 000 g，4龄鱼体重达到3 000～4 000 g。紫红笛鲷生长速度与水温和盐度关系密切，在咸淡水中（盐度0.5～16）比在盐度较高（16～47）的海水中生长的快。

（三）繁殖习性

雌雄同体，雄性先熟，到一定年龄及大小时，由雄性转化为雌性。1～2龄鱼精巢呈浅灰色，雄鱼数量占100%；3龄亲鱼部分出现性别转化，雌、雄性比为1∶4；4龄亲鱼雌、雄性比约为1∶2～3，即雌鱼占养殖群体数量的30%左右。所以，在养殖条件下，对4龄亲鱼进行诱导产卵，成功率较高。紫红笛鲷为多次产卵类型，繁殖季节为4—7月，通常在水温20℃以上的春、夏季为主要产卵期。4龄雌鱼怀卵量为70万～100万粒，受精卵圆球形，透明，为浮性卵，卵径780～830 μm，每千克卵约有180万粒。在水温为26.5～30.5℃、盐度为27.9～33.5水中，经15～17 h仔鱼孵出。

五、点带石斑鱼养殖生物学特性

石斑鱼（*Epinephelus*），隶属于鲈形目、鮨科、石斑鱼亚科，地方名石斑、过鱼、绘鱼、国鱼。石斑鱼中经济价值较高的种类有：斜带石斑鱼、赤点石斑鱼、点带石斑鱼、六带石斑鱼、云纹石斑鱼、宝石石斑鱼、鞍带石斑鱼、巨石斑鱼等，海南养殖的主要种类是点带石斑鱼（*Epinephelus malabaricus*）。

点带石斑鱼（*Epinephelus malabaricus*）

（一）生态习性

石斑鱼为暖水性中下层鱼类，常栖息于大陆沿岸和岛屿，喜欢栖居于珊瑚礁、石缝、洞穴、岩礁等光线较暗的地方。适宜生长水温为16~31.5℃，最适生长水温为20~29℃，水温低于16℃时停止摄食，水温12℃时几乎潜伏不动，水温11℃时较小的个体死亡，水温高于32.5℃时，食欲减退。广盐性，在盐度为10~34的水体中均可生长，最适生长盐度为20~33，在盐度高的水域中生长较慢，并且容易感染寄生虫。属肉食性鱼类，吞食，性凶猛，以鱼、虾、蟹和头足类等为食，在人工培育条件下，经驯化后可摄食配合饲料和鱼糜。有互相蚕食现象，稚鱼阶段尤为严重，这对苗种培育的危害性极大。

（二）生长速度

石斑鱼的生长速度，因种类不同，差异较大。一般1龄鱼体重为200~350 g，2龄鱼体重为500~800 g。点带石斑鱼生长速度较快，全长5 cm的鱼种，经1年养殖后，体重可达500 g以上。赤点石斑鱼的生长速度较慢，5~8 cm的赤点石斑鱼，经两年养殖后才达500 g左右。

（三）繁殖习性

（1）性逆转。石斑鱼与许多鲷科鱼类一样，属雌雄同体、雌性先熟型，从发生性分化开始，先表现为雌性性别，长到一定大小即发生性转变，成为雄性，并且不同种类发生性转变的年龄不同。福建沿海的赤点石斑鱼初次性成熟年龄多数为3龄，体长231~295 mm，体重245~685 g，从雌性转变为雄性的性转变年龄一般为6龄（雄鱼占57%），体长340~400 mm，体重960~1 700 g。浙江北部沿海青石斑鱼体长250~340 mm时，雄鱼仅占总个体数的6%~23%；体长350 mm时，雄鱼占50%左右；体长370 mm时，雄鱼占85%以上；体长420 mm以上者几乎全是雄鱼。南海巨石斑鱼成熟雌鱼最小体长为450 mm；而有成熟精巢的雄鱼最小体长是740 mm，体重11 kg以上；体长660~720 mm者性腺在转变之中，同时具有卵巢和精巢组织。香港的赤点石斑鱼体重 500 g 者为成熟雌鱼，1 000 g 以上者为雄鱼。海南海水网箱养殖的点带石斑鱼 3~4 龄绝大多数为雌性。南海巨石斑鱼成熟雌鱼最小体长为 450 mm，而有成熟精巢的雄鱼最小体长是 740 mm。

（2）雌雄识别。可从肛门、生殖孔和排尿孔的形态变化来区别。雌鱼腹部有 3 个孔，从前至后依次为肛门、生殖孔和排尿孔，雄鱼只有肛门和泌尿生殖孔两个孔。

（3）石斑鱼是分批产卵类型的鱼类，初次达到性成熟的年龄为 3~4 龄，性成熟周期 1 年 1 次。达到性成熟的鱼在每年的 4 月中旬至 6 月初进入生殖盛期，一般在海水温度超过 21.5℃时开始产卵，产卵高峰期为 24~27℃，7—8 月水温超过 29~30.5℃时产卵基本结束，但也因地域、环境不同而有所不同。在日本赤点石斑鱼一般在水温 20~20.5℃时开始产卵，水温 27℃左右结束。福建产石斑鱼则一般在水温 22.5~23.0℃时开始产卵，到水温 27~28℃以后产卵渐渐趋于停止。石斑鱼个体总产卵量在 7 万~100 万粒不等，产卵量和浮卵率受亲鱼的年龄、大小、营养状况、环境因素及其他条件影响很大，大型种类有 1 000 万粒之多。在海南，人工培育的 4 龄点带石斑鱼雌鱼平均个体产卵量为 535 万粒，相对产卵量为 810 粒/g。石斑鱼卵为浮性卵，在盐度为 30~33 的海水中，点带石斑鱼受精卵呈浮性，未受精卵和死去的卵呈沉性。人工孵化过程中，停止充气，未受精卵或死胚胎会沉于孵化器底部。赤点石斑鱼成熟的卵透明无色，圆球形，卵径（750±30）μm，卵膜薄而光滑，无特殊结构，油球 1 个，居卵正中央，油球径（150±10）μm。受精后约 5 min，卵膜吸水膨胀，形成狭窄的卵周隙，这时的卵径为（770±20）μm。点带石斑鱼在水温 20~21℃时，孵化时间为 48 h 40 min，25.5~28.5℃时为 21 h 53 min，30~32℃时为 19 h 7 min。在 24~28℃条件下孵化的仔鱼，育苗的成活率较高。孵化用水的盐度为 33 时，孵化率为 48.7%，盐度 30 时为 33.0%，盐度 27 时为 21.3%，盐度 24 时为 23.0%。

六、鞍带石斑鱼养殖生物学特性

鞍带石斑鱼（*Epinephelus lanceolatus*），隶属于鲈形目、鮨科、石斑鱼亚科、石斑鱼属，也有学者将其称为矛状宽额鲈（*Promicrops lanceolatus*）的，地方名龙胆石斑、龙胆、龙趸。它是石斑鱼类中体型最大的种类之一，有石斑王之称，是闻名遐迩的海鲜佳肴。

（一）生态习性

鞍带石斑鱼属暖水性中下层底栖鱼类，分布于热带、亚热带海域，成鱼和幼鱼

鞍带石斑鱼（*Epinephelus lanceolatus*）

会出现在河口半咸水水域。个性凶猛，地域性强，成鱼不集群，宜分级养殖，以免自相蚕食。喜光线较暗区域，白天经常栖息于珊瑚丛、岩礁洞穴和沉船附近，有海底掘洞穴居的习性，夜间觅食，喜石砾底质、海水流畅的海区。在网箱养殖时喜沉底或在网片折皱处隐蔽，体色随光线强而变浅，弱而变深。适宜生长水温为22~30℃，而当水温降至20℃食欲减退，降至15℃以下则停止摄食，不游动。广盐性，在盐度为11~41海水中都可以生存，最适生长盐度为25~35，盐度低于5时会死亡，在淡水中最长可忍耐15 min。对海水溶氧量的要求不高，水温为25℃时，耗氧量为（1.99±0.53）μg/（g·min）。鞍带石斑鱼的仔鱼、稚鱼和幼鱼以小型浮游动物为食，成长后为肉食性，主食甲壳类、海胆和鱼类，摄食方式属偷袭型，一口吞下食物。

（二）生长速度

鞍带石斑鱼生长快，个体大，在自然海域，成鱼体长60~70 cm，体重30~40 kg，最大体长可达2 m，最大体重记录为288 kg。从6 cm左右的鱼苗养到体重1 kg，只需7~8个月，体重达到1 kg之后生长速度更快。试验表明，经过1年的养殖，每尾可达1.5~2 kg，第二年便可达到12.5~15 kg。当年养殖，最小的个体为750 g，最大的个体达到2 500 g，且70%的鱼体重介于1 500~2 000 g，规格较为整齐，所以鞍带石斑鱼养殖经济效益是相当可观的。

（三）繁殖习性

鞍带石斑鱼为雌雄同体，雌性为先熟型鱼类。在生殖腺发育中，卵巢部分先发育成熟，为雌性相，继而随着鱼体生长，部分鱼即发生性转化，雌性变为雄性。最初成熟时（野生鱼3龄，人工养殖2龄）为雌性，野生鱼生长到4~5龄、人工养殖鱼生长到3龄转变为雄性，故雄性亲鱼较难得到。为解决人工繁殖中雄性亲鱼不足，现采用埋植法将17α-甲基睾星酮植入鱼体，来诱导鞍带石斑鱼提早“性转变”，获取有生殖功能的雄性亲鱼。在非繁殖季节判定其雌雄较其他石斑鱼难，在繁殖季节雌性鱼腹部膨大，并有3个孔，从前至后依次为肛门、生殖孔和泌尿孔，生殖孔呈暗红色向外微张，自开口处有许多细纹向外辐射；而雄鱼只有肛门和泌尿生殖孔。鞍带石斑鱼在产卵前 1 个月，雄鱼体侧背部转变成黑褐色，腹部发白，呈深红色。鞍带石斑鱼为多次产卵型，其产卵量与亲鱼的年龄、大小、营养状况、环境因素及其他条件有密切关系，差距较大，每尾雌鱼的产卵量在 10 万~600 万粒不等。一般产卵行为发生在傍晚 6：00 至次日清晨 2：00，开始时雄鱼追逐雌鱼，以后两鱼靠近，并排游泳，然后头及前半身跃出水面再排卵、射精，行体外受精，正常情况下可连续产卵 3 d。受精卵为圆球形透明无色的浮性卵，孵化时间受温度和盐度影响甚大。水温为 28~30℃时孵化约需 20 h，随温度升高，孵化时间缩短，但水温低于 16℃或高于 34℃时，胚胎发育出现畸形或大量死亡。胚胎发育的适宜盐度为 25~33.5，受精卵于盐度为 15 以下的孵化率为 0，盐度为 30 时孵化率可高达 90%。

七、眼斑拟石首鱼养殖生物学特性

眼斑拟石首鱼（*Sciaenops ocellatus*），隶属于鲈形目、石首鱼科、拟石首鱼属。地方名美国红姑鱼、美国红鱼、红鼓。眼斑拟石首鱼原产墨西哥湾和美国西南部沿海，1991 年引入我国。

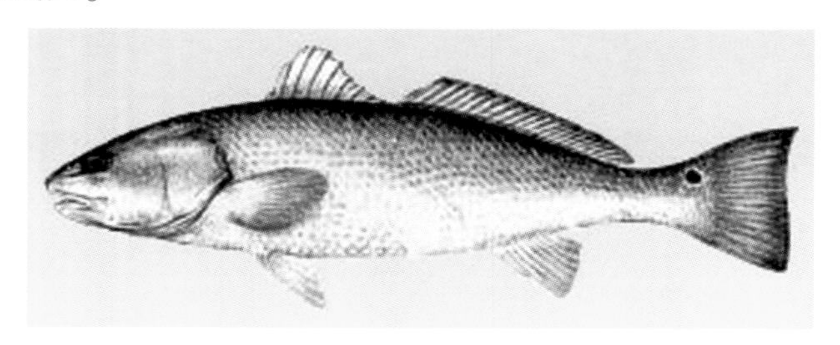

眼斑拟石首鱼（*Sciaenops ocellatus*）

（一）生态习性

眼斑拟石首鱼属暖水性近海溯河性鱼类，生存水温为 4~33℃，适宜生长水温为 10~30℃，最适宜生长水温为 25~30℃，繁殖最佳水温为 25℃左右。1~3 龄的野生鱼，当水温降至 3℃时，仅有少部分鱼死亡。广盐性，幼鱼和成鱼适盐性广，可以在淡水、半咸水及海水中很好地生长，最适盐度范围为 20~35，卵和仔鱼只能生活在盐度为 25~32 的海水中。属以肉食性为主的杂食性鱼类，在自然水域中主要摄食甲壳类、头足类和小杂鱼等。在人工饲养的条件下，也摄食人工配合饲料，投喂浮性配合饲料效果最好。眼斑拟石首鱼的食量大，消化速度快，一般个体的最大摄食量可达体重的 40%。在人工饲养的条件下，稚、幼鱼有连续摄食的现象，如饲料不足，自相残杀的现象比较严重，但体长超过 3 cm 后，自残现象有所缓解。要求溶氧量在 3.0 mg/L 以上，最适为 5.0~9.0 mg/L。因为眼斑拟石首鱼生长所需要的钙主要是靠周围水体中钙离子的渗透，故其对生长水域的总硬度和总氯度有一定要求，钙离子浓度要大于 100 mg/L，氯离子浓度要大于 150 mg/L，这一点在海区选择上要加以考虑。

（二）生长速度

眼斑拟石首鱼的生长速度很快，在美国自然海区，当年鱼可达 500~1 000 g，最大个体 3 000 g。在我国人工饲养条件下，1 周年可达 1 000 g 以上，第二年可达 2 000 g 以上，第三年达 4 500 g，相同年龄的雌鱼比雄鱼大。水温对生长速度影响大，在水温 10℃以下时停止生长，20℃以上时生长速度快，日增重 3.4 g 以上。

（三）繁殖习性

在自然水域中，雄性 3 龄性成熟，雌鱼 4 龄成熟；在养殖条件下，雄性 4 龄性成熟，雌性 5 龄性成熟。繁殖期为夏末至秋季，盛期 9—10 月，水温要高于 20℃。繁殖期雌鱼体色开始变深，呈黑褐色，胸鳍颜色变浅，雄鱼侧线上方变深而鲜艳，呈红棕色。眼斑拟石首鱼属分批产卵类型，性腺中卵的发育不同步，分批成熟、分批产卵，一般每次产卵量 5 万~200 万粒，多者可达 300 万粒以上，每次产卵间隔时间为 10~15 d。受精卵为浮性、圆形，卵无色透明，卵径 860~980 μm。在水温 25~27℃、盐度 28~30 的条件下，24 h 可孵出仔鱼，孵化率在 90%以上。

八、点蓝子鱼养殖生物学特性

点蓝子鱼（*Siganus guttatus*）又称点斑蓝子鱼、星蓝子鱼，俗名臭肚、象鱼，为鲈形目、刺尾鱼亚目、蓝子鱼科的一种，为中小型鱼类，产于热带、亚热带的印度—西太平洋及南海海域。点蓝子鱼因其体色艳丽、肉质细嫩、营养及经济价值高而在我国的广东、香港以及东南亚、中东、斐济等国家和地区备受青睐。

点蓝子鱼（*Siganus guttatus*）

（一）生态习性

点蓝子鱼为暖水性近岸中小型鱼类。幼鱼大都成群栖息于枝状珊瑚丛中，以死珊瑚枝上的藻类为食，有的则待在混浊的红树林区或河口区生长。成鱼则成群洄游于珊瑚礁区，有的则生活于混浊的河口或港口区。日行性鱼类，以藻类为食。点蓝子鱼属于杂食性鱼类，适于我国东南沿海海水网箱养殖。筛选适合海水网箱养殖的杂食性鱼类，可以充分利用杂食性兼植食性鱼类的特点，减少对动物蛋白源的依赖，保护生态环境，推动海水网箱养殖产业的健康高效发展。点蓝子鱼网箱养殖对于缓解网箱养殖对沿海水域造成的污染压力具有一定的调节能力，有较大的发展前景。

（二）生长速度

点蓝子鱼对饲料蛋白含量要求低，饲料源易解决，养殖技术简单，病害较少，对环境适应性强，生长快，可控制藻类的繁衍，上市规格较小，市场售价稳定。体长一般为20~30 cm，大者可达40 cm，体重达1 200 g。养殖周期一般为6~12个月，体重可达150~300 g。在养殖条件下，1龄鱼体重为150~300 g，2龄鱼体重为520 g，3龄鱼体重为1 150 g，4龄鱼体重达到1 250 g。

（三）繁殖习性

点蓝子鱼通过调节水流、光照强度和水温调控性腺发育。培育亲鱼水温适宜范围为18~31℃，盐度为31.0~37.0，pH值为7.9~8.6，DO值为6.0~8.8 mg/L。点蓝子鱼的受精卵呈圆球形沉性和相当微弱的黏性，具有一些油球。卵径为0.55~0.57 mm，1 kg受精卵的数量在170万左右，孵化积温为649.25 h·℃。水温和盐度对胚胎发育影响较大，点蓝子鱼胚胎发育的最适温度为25℃左右，最适盐度为30.2~34.4。点蓝子鱼胚胎发育经历桑葚期、囊胚期和原肠期，于水温28~30℃条件下经过25 h左右孵化出膜。初孵仔鱼全长为1.00 mm左右，有一个油球，仔鱼头部朝下呈悬挂状或平躺各水层。孵化后第3~4天，仔鱼全长1.50 mm左右，肠道形成，口和肛门相通并各自向外开口，开始主动摄食，可移入水泥池进行培育。孵化后第5~7天，稚鱼全长2.25 mm左右，活力逐渐增强，有明显的摄食行为。8~11日龄稚鱼全长2.42~3.70 mm，体长开始加速生长，尾鳍鳍条分化，摄食量开始增加，需提供充足的饵料，避免出现个体大小分化。12~15日龄稚鱼全长6.10~8.25 mm，各鳍均开始分化，摄食能力强。成小集群在水体中下层游动，夜间趋光性较明显。16~20日龄，全长为7.20~13.42 mm，各鳍条发育完整，背鳍硬刺出现，成群于水体中下层，个体开始出现较明显差异。

第四章　亲鱼培育及早繁

第一节　亲鱼培育概述

一、卵形鲳鲹亲鱼培育

（一）亲鱼来源

天然海区捕获的卵形鲳鲹与池塘养殖或网箱培育的卵形鲳鲹。避免近亲繁殖的后代留作亲鱼。

（二）亲鱼选择

选择来自良种场或自然水域、自然条件下成熟或人工培育条件下成熟的个体作为亲鱼，要求体形正常，体格健壮，无病无伤，性腺发育良好。4 龄以上、体重 4 kg/尾以上。

（三）亲鱼培育

1. 室内水池亲鱼培育

在室内强化培育期间，池深要求 1.5 m 以上，排水孔最好设在池中间，可自由控制水位，亲鱼的放养密度为 2~2.5 kg/m^3，每日投喂两次，饵料为牡蛎或蓝圆鲹等鲜杂鱼，日投饵率为亲鱼体重的 7%~8%，并经常添加适量复合维生素。每日换水两次，换水量为 180%~200%，每月两次用 LRH-A 催熟，剂量一般为催产剂量减半，可根据亲鱼性腺发育的程度适当进行调整。

2. 网箱亲鱼培育

选择适龄、体壮、健康的亲鱼在繁殖季节前 3 个月进行强化培育。强化培育密度为 5.5 m×5.5 m ×3.0 m 的网箱放养亲鱼 90~100 尾为宜。每天投喂两次，上午和下午各 1 次，饱食投喂。主要投喂新鲜的小杂鱼，如枪乌贼、玉筋鱼、蓝圆鲹和沙丁鱼等，并且添加适量的复合维生素和维生素 E，促进性腺发育。

二、点带石斑鱼亲鱼培育

（一）亲鱼来源

亲鱼来源于天然海区捕获的点带石斑鱼或池塘养殖或网箱培育的点带石斑鱼。严禁近亲繁殖的后代留作亲鱼。

（二）亲鱼选择

（1）亲鱼的外部形态：体长亚圆柱形，体长为体高的 3.6 倍，体高短于头长。前鳃盖骨隅角部有大锯齿。眼隔区明显隆起，其宽较大于眼径。上颚骨延伸到眼的后缘。头和体有黑斑和白斑。体有 5 条暗色斜带。

（2）亲鱼的选择要求：体态匀称，无畸形，活动敏捷，无病态。

（3）亲鱼的使用年限：3~4 年。

（4）亲鱼的年龄与体重：雌鱼 5 龄以上，体重大于 4 kg，雄鱼 6 龄以上，体重大于 6 kg。

（三）性别鉴定

雌性特征：在肛门之后有一白色圆状小突起即泄殖孔。

雌性特征：生殖孔与排尿孔分开，前者为生殖孔，呈“一”字形，后者为排尿孔。

（四）性成熟特征

雌性：繁殖季节，雌鱼腹部膨大饱满且柔软，生殖孔突出呈深红色。

雄性：繁殖季节，出现明显的婚姻色，头、背部的褐色斑纹显著加深，眼下至鳃盖白色倒“V”形斑纹明显。

（五）亲鱼运输

亲鱼暂养 1~2 d 后用活水车运输，密度为 3~5 尾/m^3。

（六）亲鱼培育

1. 池塘亲鱼培育

（1）每公顷池塘应配备 20 台 0.75~1.0 kW 负荷的增氧机，并在亲鱼放养前进行清塘、消毒、注水和水体消毒。池塘面积 0.07~0.13 hm^2/口，水深 3.8~4.0 m，配备充气增氧系统。

（2）亲鱼培育方式可专池培育或与其他鱼类亲鱼混养。

（3）亲鱼放养密度为 2 100 尾/hm^2。

（4）池塘雌雄亲鱼培育与繁殖配对性比均为 2∶3。

（5）投喂方法为每天上午 09:00—10:00 投喂 1 次，先投喂杂虾、鳗料，后投喂杂鱼；饵料日投喂量为亲鱼体重的 3%～5%；在临近亲鱼产卵的前 1～2 个月，再加喂鱿鱼和维生素 E。

（6）换水方法为每天上午 06:00—07:00 换水 1 次；非产卵期间换水率为 10%～20%；产卵期间换水率为 40%～50%，透明度在 1.5～2.0 m；每隔 30 天亲鱼换池 1 次。

2. 网箱亲鱼培育

（1）亲鱼培育网箱规格为 2 m×2 m×2 m～5 m×5 m×5 m。

（2）亲鱼放养规格同池塘培育。

（3）亲鱼培育方式可专箱培育或与其他鱼类亲鱼混养。

（4）亲鱼放养密度为 0.5～1.0 尾/m^3。

（5）网箱雌雄亲鱼培育与繁殖配对性比均为 2∶3。

（6）投喂方法同池塘培育。

（7）每隔 20～30 天清洗网具、亲鱼换箱 1 次。

三、军曹鱼亲鱼培育

（一）亲鱼的选择与培育

可从海区捕获野生或人工养殖 2～3 龄鱼中挑选体重 8 kg 以上、体形端正、色泽好、无伤病的个体作为准亲鱼。

（二）水泥池培育

培育亲鱼的水泥池大小为 35 m×13 m×2 m，池面搭有架，用纤维薄膜覆盖，为防止光线太强，薄膜上再拉 1 层黑色的遮阳布，整个池子处于密封状态，这有利于冬季池水水温的恒定，春季来临时池水水温比自然海区的水温升得快。每年年底，当海区的水温下降时，从海上鱼排挑选 14 尾体壮、无外伤、体重 7.5～11 kg 的亲鱼，雌、雄比例约为 2∶1，移至大水泥池内的网箱进行强化培育（网箱规格为 6 m× 3 m×2 m）。每天上、下午各投喂 1 次新鲜的小杂鱼，次年 3 月中旬，辅以小鱿鱼投喂，以促进性腺的发育。在管理过程中，隔天换水 1 次，每次换水 2/3，加入的海水为不经过滤的自然海水。

（三）网箱培育

培育于 6 m×3 m×3 m 网箱中，培育密度 0.8～1.0 尾/m^3，亲鱼培育海区要求水体交换条件好、无污染、盐度稳定。投喂和日常管理同水泥池培育。

四、红鳍笛鲷亲鱼培育

（一）亲鱼来源

亲鱼选择人工培育的种苗经 3~4 年网箱养殖而成。

（二）亲鱼规格

体重为 1.8~2.8 kg，雌雄比例为 3∶2。

（三）亲鱼培育

采用人工控温、营养强化及激素促熟相结合的方法促使亲鱼提前成熟产卵并延长其产卵周期。在面积为 2 666 m^2的海水池塘中设置 4 只网箱，规格为 4 m×4 m×2 m，每个网箱放养亲鱼约 113 尾，冬季通过加盖保温棚及安装加温设施使温度控制在 20℃以上，夏季加盖遮阳网使水温保持在 31℃以下，每日投以蓝圆鲹，投饵量为鱼体重的 1%~ 3%，每周在饵料中按鱼体重添加维生素 E 100~200 μg/g。每两周定期给亲鱼进行药浴以防止病虫害的发生。

五、点蓝子鱼亲鱼培育

（一）亲鱼来源与选择

选择性腺发育成熟的个体作为亲鱼。避免近亲繁殖的后代留作亲鱼。要求体形正常，体格健壮。

（二）亲鱼规格

选取 2 龄以上、体重 1.0 kg 以上的个体。

（三）亲鱼培育

1. 室内水池亲鱼培育

池深要求 1.5 m 以上，亲鱼的放养密度为 2~2.5 kg/m^3，每日投喂两次，投喂枪乌贼、玉筋鱼、蓝圆鲹和沙丁鱼等鲜杂鱼，日投饵量为亲鱼体重的 7%~8%，经常添加适量复合维生素和鱼油等，适当补充浒苔、麒麟菜和石莼等新鲜的植物性饵料。采用微流水，日换水量为水体的 180%~200%。

2. 网箱亲鱼培育

在繁殖季节前 3 个月，选择适龄、健康的亲鱼进行强化培育，密度为 3~4 尾/m^3。

饵料种类和投喂方式同室内水池亲鱼培育。

第二节 三沙海水鱼类早繁

海南岛地处热带，有“天然大温室”之美誉，气候温和，雨量充沛，环境独特，生物一年四季均没有生物停滞期，生物遗传育种条件得天独厚。海南以其优越的自然地理条件，在作物育种界已成为南繁的代名词。种苗是海洋生物养殖产业的源头和必要的物质基础，规模世界第一的中国海水养殖业因种苗而起，水产种业是现代种业的重要组成部分，海南同样也是水产“南繁”育种的理想基地。海南三沙所辖海域面积约 200 万 km^2，约占整个南海海域面积的 57%，为我国管辖海域面积的 2/3；地处热带，纬度适宜，海水温度常年在 20℃ 以上。该海域是我国乃至世界上海洋鱼类生物多样性最丰富的海区之一，素有“天然种子库”之美誉，拥有其他地区所不具备的庞大的水产种质基因库。因此，三沙是开展鱼类早繁，打造海南水产“南繁”育种基地最理想的场所。

一、海南海水鱼类苗种产业发展现状及发展瓶颈

目前，海南建有水产苗种场约 1 120 家，年产值约 49 亿元；其中海水苗种场 850 家，年产值约 38 亿元，海水鱼类苗种企业约有 350 家，海水鱼苗年产量达 12 亿尾以上，其中石斑鱼苗年产量达 2 亿尾以上，卵形鲳鲹苗年产量达 6 亿尾以上，鲷类和鲈类等其他种类鱼苗产量达 4 亿尾以上。其中，石斑鱼、军曹鱼和卵形鲳鲹等苗种还供应到东南亚地区；产品供不应求，深受养殖业者的欢迎和好评。海南生产的热带海水鱼类受精卵和苗种在我国的市场占有率达 80% 以上。

由于水温的高低直接影响鱼类性腺发育，水温高，繁殖季节提早。通常来说，海水鱼类越往南，全年生长期越长，优势越发明显，繁殖期可以提前，如同种石斑鱼在三亚海域的产卵季节要较陵水、万宁等地提前 1 周左右，较雷州半岛可提前 1 个月；卵形鲳鲹在三亚海域的产卵季节比广东大亚湾早 1~2 个月，比福建沿海早 2~3 个月。近年来，受到海南国际旅游岛建设和环保大督查的影响，海南海水鱼类养殖空间被进一步压缩，特别是三亚、陵水等传统亲鱼培育基地被逐年清退，部分基地被迫由南向北迁移乃至关停。亲鱼培育基地的北迁，水温优势丧失，鱼类繁殖期将延后，苗种供应受限，生产效益降低，势必将影响到整个产业的发展。因此，探讨在三沙海域开展海水鱼类早繁对于我国海水养殖业可持续健康发展具有十分重要的意义。

二、海水鱼类早繁前景

(1) 热带海水鱼类苗种生产效益与生产季节直接相关，一般来说，早繁的鱼卵和鱼苗价格更高，可以获取更大的经济效益。以卵形鲳鲹为例，海南三亚和陵水地区每年第一批生产出来的受精卵售价在 2 万~2.5 万元/kg，20~30 d 后，价格降至 0.3 万~0.5 万元/kg；第一批鱼种，售价 0.5~0.6 元/尾，甚至接近 1 元/尾，而 1 个月后则价格大大降低。因此，通过提早繁殖期将可以大大提高养殖效益。受巨大价格差的影响，市场还有继续提早繁殖季节的强烈需求。

(2) 早繁卵形鲳鲹鱼苗养成可以提前近 1 个月上市，南海地区为台风多发地，提前上市可最大限度地减少台风的影响，有利于保障养殖生产安全，同时商品鱼错峰上市，有稳定鱼价的效果。

(3) 石斑鱼等品种的繁殖期提早 2~3 周，可解决早春苗种缺乏的问题，延长成鱼养殖期，在一定程度上有效地缓解鱼类越冬难的问题，降低管理成本，提高养殖效益。

三、主要优势

1. 资源优势

三沙海域辽阔，可以为海水增养殖拓展广阔的空间；南海热带和亚热带水域常年的高温是孕育生物高度多样性的条件之一，三沙海域已经探明的鱼类有 1 500 余种，具有经济价值的有 200 余种，海域自然环境条件优越，渔业自然资源丰富，早繁亲本来源有保障，水产育种条件得天独厚。

2. 水温优势

在三沙海域开展海水鱼类早繁的重要优势之一是在亲鱼培育过程中不需要人为进行加温和控温处理。南海和南海诸岛全部在北回归线以南，接近赤道，属赤道带、热带海洋性季风气候。接受太阳辐射的热量较多，所以气温较高。年平均气温在 25~28℃。以西沙为例，每年 2 月，该海域水温较三亚海域高出 0.5~1℃，在该海域进行亲鱼培育，可将海水鱼类的繁殖期提早 2~3 周。

3. 水质优势

三沙海域海水水质条件好，海水鱼类生长速度快于近海养殖，可缩短亲鱼培育周期；在该海域理论上可提供生产无特定病原鱼苗的环境，通过筛选和培育无特定病原亲鱼，生产无特定病原的受精卵，有利于鱼卵孵化后提高鱼苗各阶段培育的成活率，从而提升养殖效益。

四、存在的问题

（1）三沙海域海况及地形相对比较复杂，可供海水养殖开发利用的基础设施相对薄弱。

（2）三沙海域远离海南本岛，人员往来，物资补给运输时间长，运输成本偏高；医疗条件相对有限，对人员救护比较困难。

（3）需加强军地沟通与协调，解决早繁基地用海和岛礁用地问题。

（4）三沙海域属台风高发区，在天然海域开展网箱养殖培育亲鱼，缺少天然避风屏障，受热带气旋、灾害性海浪等灾害性气候冲击较大。

（5）三沙海域可开展早繁区域主要为礁盘潟湖区，多为珊瑚礁生态系统，其自修复能力比较薄弱，网箱锚泊系统及运输船只抛锚极容易破坏珊瑚礁，加上人类其他活动的影响，珊瑚礁等海洋生态系统一旦遭到破坏，很难得到修复。

五、几种早繁模式的比较分析

（一）移动式养殖平台（或大型养殖工船）

目前，国内移动式养殖平台（大型养殖工船）在 10 万吨级船体平台设计方面已有配套苗种繁育方面的设计方案，但目前还没有实际应用的案例报道。通过打造深远海渔场养殖保障平台（或大型养殖工船），可在平台上进行亲鱼培育、产卵孵化及中间培育和养成等一系列操作，可生产无特定病原鱼苗。不足之处是建设平台费用高，平台运作和维护费用高，平台配套高效养殖技术仍有待突破。平台可在一定条件下能自由移动，可以避开台风等恶劣天气的影响。

（二）三沙岛礁固定式早繁平台

2007—2011 年，临高泽业南沙渔业开发有限公司和海南富华渔业开发有限公司在南沙美济礁建设比较固定的海水养殖基地，主要以石斑鱼等高值鱼类的养成为主，目前在三亚已建成海上鱼苗孵化平台待运输至南沙，有可能实现南沙海上孵化鱼苗。通过在平台上相应配套孵化设施，在平台上完成孵化，鱼苗经过中间培育后，可直接下海进行网箱养殖或进行资源增殖，能省去海上鱼苗运输等中间环节，有利于提高苗种的成活率，并可生产无特定病原鱼苗。该模式建设费用适中，但岛礁基地建设用地需协调军队和地方解决。

（三）在三沙海域网箱培育亲鱼，产卵后将亲鱼运回海南本岛进行接力孵化

2015 年，海南省海洋与渔业科学院与海南青利水产繁殖有限公司合作，在西沙永乐群岛开展海水鱼类亲鱼培育及催产工作。仅在该海域设置亲鱼培育网箱，没有在岛礁配套相应的孵化设施，亲鱼在网箱产卵后收集受精卵，需运回海南本岛进行孵化。这种方式有利于控制生产成本，不足之处是较难实现生产无特定病原鱼苗。

3 种早繁模式的比较见表 4-1。

表 4-1　3 种早繁模式比较

早繁模式	建设周期	建设费用	优点	缺点
移动式养殖平台（大型养殖工船）	2 年以上	几千万元甚至过亿元	平台可自由移动，不占用岛礁陆地资源；自动化水平高，节省人力，可生产无特定病原鱼苗	建设周期长，运作和维护费用高
三沙岛礁建设固定设施	1~2 年	可达百万元至数百万元以上	建设费用和运作费用适中，可生产无特定病原鱼苗	建设周期适中，不容易解决岛礁基地建设用地
三沙海域网箱培育亲鱼，产卵后将亲鱼运回海南本岛进行接力孵化	1 年内可投入使用	只需设置一批亲鱼培育网箱，固定设施投入可控制在 200 万元以下	基本不占用岛礁陆地资源，建设成本低，操作灵活	没有建设固定岛礁平台，受补给影响，只能在较近的西沙海域开展，发展规模有限

从表 4-1 中可以看出，移动式养殖平台不需要占用岛礁陆地资源，理论上可以游弋在三沙任何海域，是宣示我国南海主权的重要手段，由于其自动化水平高，是今后的重要发展方向。但受成本和建设周期限制，后两种方式在近期内比较容易实现。如在岛礁建设固定设施模式和岛礁用地不容易解决的情况下，可尝试在三沙海域培育亲鱼，再将受精卵运回本岛进行孵化，但由于距离遥远，运输成本过高，再加上受鱼卵运输时间限制，现阶段可重点选择离海南本岛较近、配套条件相对较好的西沙海域开展海水鱼类早繁。通过不断积累经验，储备技术，为发展更先进和高效的早繁模式打下基础。

六、从鱼卵运输方式探讨在西沙开展海水鱼类早繁的可行性

由于现阶段利用移动式养殖平台（或大型养殖工船）在三沙海域开展海水鱼类早繁还处于论证阶段，利用岛礁固定式平台开展鱼类早繁也未见报道，笔者就本课题组 2016 年初开始已经在西沙永乐环礁海域开展卵形鲳鲹亲本的早繁工作为实例，从鱼卵运输方式探讨西沙早繁的可行性。课题组于 2016 年 2 月初取得了第一批卵形鲳鲹受精卵，由于没有配套孵化设施，需将受精卵运至本岛基地进行孵化（受精卵一般运输时间需控制在 10 h 以内，超过 10 h 后孵化率下降，畸形率上升，受精卵运输失败）。

西沙永乐环礁至三亚、陵水相距 160～170 km。目前鱼卵运输从西沙永乐环礁至三亚或陵水可选的方式有 3 种：①小型水上飞机运输，时间为 3～4 h；②普通养殖辅助船运输，时间为 17～18 h（远超过 10 h）；③采用高速快艇运输，时间为 8 h 左右。3 种运输方式的比较见表 4-2。

表 4-2　鱼卵 3 种运输方式比较

运输方式	运输耗时	最大运输重量	运输成本	优点	缺点
小型水上飞机运输	3～4 h	400 kg	约 7 万元	速度最快	费用最高，运输载重不足，易受天气及航空管制影响
普通养殖辅助船运输	17～18 h	100 t 以上	约 5 万元	载重量大	易受海况影响，速度较慢，不能满足鱼卵运输时间的要求
高速快艇运输	8 h 左右	20 t 以上	约 4 万元	速度较快，载重量较大	易受海况影响

从表 4-2 中可以看出，从运输时间的角度考虑，只有小型水上飞机空运和高速快艇运输才能达到鱼卵运输时间的要求，另外考虑到成本，水上飞机成本运输偏高，且每次飞行需天气和航空许可，办理相关手续相对烦琐，在航空管制情况下无法起飞，并且运输重量相对有限，因此综合以上因素，采用高速快艇运输是当前最佳运输方式。

除了物资常规运输成本偏高以外，受运输距离影响，在没有大型养殖平台或岛礁配套基地的情况下，如在南沙海域开展海水鱼类早繁，鱼卵运输必须选择空运，在鱼卵运输期间遇到航空管制不能起飞时，鱼卵将无法在有效时间内运至孵化场。因此，尽管南沙海域具有比西沙海域常年水温更高的优势，但由于距离遥远，运输成本过高，特别是鱼卵运输易受限，故在没有充足的平台保障情况下，现阶段可重点选择在西沙海域开展海水鱼类早繁。

第五章　苗种培育技术

第一节　苗种培育概述

水产养殖学上所称的苗种培育，是鱼苗培育和鱼种培育这两个培育阶段的统称，海南养殖户也称之为苗种标粗。

鱼苗是指刚刚从卵中孵出的初孵仔鱼到出现尾鳍、胸鳍、腹鳍、背鳍和臀鳍等各鳍的晚期仔鱼，这个阶段学术书上称之为仔鱼发育阶段。仔鱼发育阶段，海水养殖鱼类一般要经历 20 d 的时间，鱼体全长长到约 10 mm。在鱼苗培育过程中，要经历从以卵黄囊中营养物质为营养的内源性营养阶段到以外界的轮虫等浮游生物为营养的外源性营养阶段、鳃丝形成期、上游期（鳔的初次充气直至正常游泳）等几个对环境变化十分敏感的时期，是鱼类发育中死亡率最高的时期，所以称之为“仔鱼危险期”。

鱼种是指从鳞片开始出现到鱼体接近全身被鳞（稚鱼阶段），以至变态完成，与成鱼具有相同的外形（幼鱼阶段），在学术上即包括稚鱼发育阶段和幼鱼发育阶段。稚鱼发育阶段一般要经历 15 d 左右，鱼体全长达到 3~4 cm，可用作深海网箱养殖中间培育。用作深海网箱养成成鱼的鱼种最小规格都要求 10 cm（体重 20~25 g）以上的幼鱼，一般要求放养全长 15~20 cm（体重 60~200 g）的大规格鱼种，以至体重 500 g 以上的超大规格鱼种。

苗种来源主要有两种方式：①从海区捕捞天然苗种；②人工繁殖鱼苗加以培育而得。

第二节　育苗基本设施

一、水处理设施

为了确保育苗用水水质的良好，需要对水进行处理。处理的主要目的有 5 个：

①滤去过大的颗粒物质；②去除海水中的野杂鱼、游泳生物、浮游生物和致病体等敌害生物；③消除海水中的污染物质，使之达到国家规定的渔业水质标准（TJ 35-79）和国家海水水质标准（GB 3097-1997）的二类海水标准；④消除其他有害于育苗的成分；⑤保持水体温度和溶氧量等环境条件稳定。

水处理设施主要包括沉淀池、过滤池和充气系统，条件允许最好还应该添置加热保温设施和消毒灭菌设施。

（一）沉淀池

育苗用水除海区水质特别清澈外，一般的海水育苗场必须在岸上建造沉淀池处理海水。沉淀池的作用是蓄水、沉淀泥砂、去除悬浮物和对海水进行消毒处理。沉淀池的总容积一般为最大日用水量的2~3倍，沉淀池的数量一般为2个，轮流使用和消毒清洗，海水沉淀时间最好要有48 h。沉淀池所处的高度，最好能建在高位，可给各育苗池和饵料培育池自流供水，或者采用二次提水方法，以免沉淀池位置过高增加了造价。

（二）无压砂滤池

无压砂滤池是敞口式砂滤池，采用粒径不同的滤水材料（冲洗干净的细砂、粗砂、卵石），做成不同的滤水层（滤层一般为2~3层），过滤水依靠水自身的重力维持流动。通过层层过滤除去水体中颗粒物质和有害生物，起到净化水质的作用。细砂粒径0.3~0.4 mm，砂层厚0.7~1.0 m，粗砂粒径0.5~1.0 mm，砂层厚0.7~0.8 m。砂滤池经过一段时间的使用后，过滤效果变差，可以采用反冲洗方法来净化砂滤池的目的。反冲洗时即从底部进水，水流反向流过滤层，使滤层砂粒间发生机械摩擦，能有效地去除粘附在滤粒上的污物，使滤粒得到净化。污水通过砂面上的冲洗溢流口流出，如果冲洗时同时对滤层进行人工搅拌和翻动，清洗效果更好。如果没有条件进行反冲洗的过滤池，应定期将滤料表层20 cm左右的砂层铲去，铺上新砂，或将旧砂清洗干净后，重新铺上。每年生产季节完后，需将滤池中的各种滤材清出，分别清洗、晒干后，待来年生产前重新装入。

（三）充气增氧管路系统

苗种培育的充气增氧管路系统的流程是：空气过滤器→吸气口消声器→空气压缩机→输气口消声器→阀门→输气总管道→育苗室→阀门→输气分管→育苗池→阀门→输气支管→散气石→水体。育苗池水体的充气方式是通过散气石散气后对池水进行充气，这样生产的气泡小，分散均匀，充气增氧效率较高。

二、育苗池

鱼类育苗池有混凝土池、玻璃钢池、塑料池和网箱等多种形式。形状各异，有长方形、方形、圆形和多边形等。单个育苗池的容积视培育规模，在 0.5～100 m^3 不等，常用育苗池的大小，在稚鱼阶段为 5～10 m^3，幼鱼阶段为 10～30 m^3，水深 1 m 左右，中央位置排水排污，池底向中央坡降。各个育苗池都设置有给排水、充气、加热、排污系统和光照调节装置。

三、活饵料培育池

在海水养殖鱼类育苗生产中，活饵料的培育和供给是相当重要的一个环节，所以，目前国内海水鱼类育苗场都配套建设有活饵料培育设施，活饵料培育设施分动物饵料培育池和植物饵料培育池。

四、其他设备

海水养殖鱼类育苗场与其他水产动物育苗场一样，还需配备给排水、供电和发电备用、供气、供热、供销系统和水质、质量、防疫检验室等。

第三节　饵料生物培养

一、单胞藻的培养

（一）常用单胞藻的种类

主要有小球藻、扁藻和等鞭金藻等单胞藻类。

（二）培养设施

藻种的培养要在保种室中进行，保种室要求通风条件好，光线条件好，温度可控性好，保种室要配有空调、冰箱、具有人工光源的培养架等。保种培养中常用的培养仪器和设施有显微镜、解剖镜等；容器有三角烧瓶和广口玻璃瓶。大规模培养设施有塑料袋、塑料桶、塑料缸和水泥池。

（三）容器和工具的消毒

培养用容器、工具、培养基等都要进行严格灭菌，一般生产性的单种培养，则只需消毒即可。常用的消毒方法有高温消毒法和化学药品消毒法。

（四）培养液的制备

培养液制备用水需先经沉淀、过滤、消毒。生产上为了方便可以将营养盐配方浓缩1 000~2 000倍配成母液，使用时可以根据需要量取。

附小球藻常用培养液配方：

NH_4NO_3	50~100 mg
K_2HPO_4	5 mg
$FeC_6H_5O_7$	0.1~0.5 mg
新鲜海水	1 000 mL

添加10~20 mL海泥抽取液效果更好。

（五）接种

选择无污染、生长旺盛、颜色正常、藻液中无沉淀、细胞无附壁的藻种进行接种。一级培养藻种液和新培养液的比例一般为1∶2~1∶3，中继培养和生产性大量培养可根据具体情况进行适当调整，一般以1∶10~1∶20较适宜，接种最好在晴天上午8：00~10：00进行。

（六）日常管理

注意培养区的卫生，定时打扫，谢绝无关人员进入；经常镜检藻液是否发生污染，是否老化，确保培养顺利进行；温度保持在25~30℃；摇瓶、搅拌或充气，在培养过程使单胞藻保持均匀分布；保持光强3 500~4 500 lx，白天避免阳光直射。

二、轮虫的培养

（一）室内培养

1. 培养容器

种级培养一般使用各种规格的三角烧瓶、细口瓶、玻璃缸和塑料桶等，扩大培养使用玻璃钢桶，大量培养则以水泥池进行培养。容器使用前进行消毒处理。

2. 培养用水

进行轮虫的大量培养一般采用砂滤水，种级培养可采用经消毒的海水。

3. 培养条件

（1）盐度和温度：最适盐度范围因藻类品种不同而异，生产上控制盐度为15~25，最适水温为25~28℃。

（2）饵料：轮虫培养常用的饵料主要是单胞藻和酵母。生产上以水泥池大规模培养时常用的鱼糜为饵料。

（二）土池培养

1. 培养池

培养池的大小和数量视生产规模而定，有效水深约 1 m。池底要平坦，底质以砂质黏土或砂质土壤为好。培养池进、排水方便。

2. 清池

排干池水，清除池底淤泥，并进行太阳曝晒，若没有太阳曝晒则可使用药物消毒，用量：漂白粉（有效氯 30%）30×10~50×10 mg/L，生石灰 350×10~500×10 mg/L。

3. 进水

清池后 1~2 d 便可进水。海水需经沙滤和特制滤水袋过滤。进水可分次进行，首次进水 30~40 cm，以后逐渐加水。

4. 培养单胞藻饵料

进水后施用有机肥或无机肥培育单胞藻。有机肥用量为：鸡粪 100~150 kg/667 m^2，或猪粪 200~250 kg/667 m^2；无机肥用量为：尿素 2 kg/667 m^2，或复合肥 3~4 kg/667 m^2 和过磷酸钙 200 g/667 m^2。

5. 管理

根据藻类的生长情况，追施化肥（追施量减半），使藻类的增殖量与轮虫的消耗量基本保持平衡，池水的透明度可保持在 20 cm 左右。注意敌害生物的控制，可用 0. 5 mg/L 的晶体敌百虫全池泼洒杀死。

6. 采收

控制轮虫密度为 10~20 个/mL，每天将超出部分采收。可用 200 目筛绢做成拖网沿池边拖曳采收；也可以用小型水泵将池水吸入 200 目筛绢制成的网箱收集；另外，也可利用轮虫趋光的特点，夜间用灯光诱集轮虫。

三、卤虫的培养

（一）孵化设施

一般以塑料或玻璃钢圆桶，桶底部最好呈漏斗形，从底部送气扩散比较均匀；大规模孵化时用水泥池，通常每平方米投放 1~2 个气石充气。

（二）孵化方法

直接将卤虫卵（或者经过消毒、去壳后）放入海水中，一般可按每升水中加入虫卵3~5 g，孵化率较低的虫卵可适当增加。孵化时水温保持在26~30℃，孵化液表面光照强度保持2 000 lx左右，经过24~30 h孵化即可发育成无节幼体。卤虫卵的质量按SC/T 2001规定执行。

（三）采收

可利用无节幼体趋光的特点，使其聚集于孵化桶底部或水泥池一端收集，达到与卵、壳分离。孵化同步性差的品系，可分两次收获。

第四节　苗种培育技术要点

海水鱼的苗种培育，目前有3种育苗方式，即工厂化育苗、池塘育苗和网箱培育大规格鱼种。工厂化育苗，有环境条件容易控制、受环境变化影响小、育苗的成功率高、育苗密度高的优点。但存在的问题是：水质变化快，耗能大，用水量大，育苗后期管理的工作量大，育苗饵料主要是人工培育的人工饵料，育苗成本高。池塘育苗，水质相对稳定，可利用部分天然饵料，管理的工作量小，育苗批量大，成本低，但受环境条件影响大，环境变化常导致育苗失败。网箱培育大规格鱼种是深海网箱养鱼不可缺少的鱼种培育方式。网箱培育大规格鱼种具有环境条件好，培育成活率高，培育量大，鱼种生活环境又与成鱼养殖的环境相接近，养成成活率高，成本较低等优点。因此，在发展深海网箱养鱼中，可同时采取上述3种育苗方式，起相得益彰的互补作用，保证生产的正常进行。一般早春天气不稳定，多以工厂化育苗为主，争取早供苗，抢占市场；天气稳定后，以池塘育苗为主，降低育苗成本，扩大育苗规模；培育能供深海网箱养殖用的大规格、大批量鱼种，主要还是要采取网箱培育大规格鱼种这种方式。

一、工厂化育苗技术要点

（一）育苗池及育苗用水

育苗池一般为室内水泥池，长方形，面积约10 m^2（长4 m、宽2.5 m），池深1 m。进、排水方便，能控制温度、调节光照，每池设12只气石充气。工厂化育苗用水要求水质清洁，用前要经过沉淀、过滤处理，必要时还要经过消毒处理。要求水质清新、无毒、无污染、无有害生物侵入，达到符合国家二类海水水质标准。

（二）育苗环境条件

育苗最佳水温为25~28℃，盐度为30~33，溶氧量在4 mg/L以上，氨氮不超过0.7 mg/L，育苗池水表面的适宜光照强度范围5 000~15 000 lx。

（三）放苗前准备

育苗池消毒，通常将池底和池壁刷净，漂白粉消毒，冲洗3~4遍至用硫代硫酸钠测试无余氯即可。培育水质，育苗初期，水深保持40 cm，在放苗前一天注入新水，每立方米水加入浓的小球藻液40~60 L、金藻液2.5~5 L、浓缩海洋酵母15 mL。

（四）放苗

初孵鱼苗当天就可以放苗进入育苗池，放苗密度3万~5万尾/m^3。放苗时注意育苗池与孵化用水（或包装袋内）的水温差不超过1℃，盐度差不超过3。将鱼苗慢慢放到池内，刚下池的鱼苗喜聚在池角，并且以上层为多。

（五）饵料系列化

根据鱼苗和鱼种的不同发育阶段对饵料适口性的要求，海水鱼类育苗中必须做到饵料系列化。按传统的方法：①在育苗初期（鱼苗开口后4~8 d内），投喂超小型轮虫或双壳类幼体（10~20个/mL）；②在鱼苗孵出后第8~20天，投喂轮虫（10~20个/mL），投喂轮虫的时间为10 d左右；③在鱼苗孵出后第10~20天，加喂卤虫无节幼体（2~3个/mL），以弥补轮虫的不足；④在鱼苗孵出后第14~20天，加喂桡足类（1~2个/mL）；⑤在鱼苗孵出约20 d后，已从仔鱼发育至稚鱼期，即进入鱼种培育阶段，可以投喂桡足类、卤虫或冰冻卤虫等饵料，此时，很容易用肉眼观察到鱼的摄食情况，实际操作中可以根据鱼是否吃饱来增减饵料的投喂量。鱼随时可以摄食足量的适口饵料，也可以减少自相蚕食现象；⑥当鱼种全长长到4~5 cm时，可以开始投喂新鲜鱼、虾、贝的肉糜等，每天两次，投喂量掌握至当鱼苗不集中抢食时为止。在新旧饵料转换时，要有几天进行新旧饵料交叉混合投喂，逐步过渡。要注意的是，投喂轮虫前，要对轮虫进行6~7 h的强化培育，也就是用小球藻等浮游植物或鱼油等强化剂投喂轮虫。因为用酵母培养的轮虫的不饱和脂肪酸含量较低，不能满足仔鱼的营养需要，所以在投喂轮虫前应对轮虫进行强化培育，这样可以大大提高鱼苗培育的成活率。

根据最新的研究试验结果，育苗初期可以在育苗池中投喂经80~100目的筛绢网袋搓细后的虾片和有益微生物制剂（内含芽孢杆菌、光合细菌、乳酸菌、酵母菌、硝化细菌等，每毫升含细胞大于4亿个）。育苗池中投放虾片和有益微生物制剂后，虾片碎屑表面会附生大量的微生物，它们是很好的营养饵料，而且可以改善育苗池生态与环境条件，明显提高育苗率。具体做法是，育苗前将育苗池清洗干净，用200 g漂白粉对育苗池（育苗池面积30 m^2）消毒，冲洗干净后，加过滤海水至水深80 cm。第一天每池每天加入准备好的活菌500 mL，高级虾片100 g，以后每天加高级虾片50 g，泼洒活菌300 mL，连续培育5~7 d，至水中出现微型生物，水呈茶褐色。

（六）水质管理

换水是育苗管理的重要内容，育苗初期，鱼苗下池时育苗池水深保持40 cm左右即可，在开口摄食前不需要加水或换水。开始投食后，在投喂超小型轮虫或双壳类幼体阶段，每天加水2~5 cm（水深），一般也不需要换水，靠水体中浮游植物的平衡作用和适当加水来稳定水质。在投喂轮虫阶段，白天要注意调节轮虫密度，密度不足时要及时补充，并根据水色添加浮游植物。如果控制得当，可在1周内只加水，不换水。当水面出现许多泡沫，水中有机颗粒多，或者氨氮达到0. 5 mg/L时，要增加加水的量。当育苗池加水至接近最高水位，就需要开始换水。每次换水1/4~1/3，一般先排水、吸除池底污物后，再加水，以确保水质清新，并保持育苗池水深90~95 cm。加水之后再加入浮游植物，将水色调得浓一些，有利于抑制池底长出的丝状藻类，以免丝藻缠绕鱼苗，造成危害。从投喂冰冻卤虫开始，为避免残饵败坏水质，育苗池水深保持45~55 cm，且每天吸除池底污物、换水1次。水温高时，每天换水两次，到鱼种培育阶段，可逐步加大水流量，并及时换水、清底、投饵、观察鱼苗健康状况和行为习性。

二、池塘育苗技术要点

（一）彻底清池

将池塘排水、晒池，施以药物（石灰、含氯消毒剂、巴豆、鱼藤精等）消毒除害。清池后注入清洁海水，注水时须谨防敌害生物入池。

（二）施肥培养饵料生物

施化肥或提前沤制有机肥，池塘施肥10 d后（水温20℃左右），水体中浮游生物饵料大量繁殖起来，池水变成油绿色，也可在池水变绿后人工接种轮虫入池，加速饵料生物的繁殖。

（三）适时放苗

池中饵料生物大量繁殖后，如水温适宜、气候稳定，应按计划的放养密度及时放苗。放苗时，注意温差和盐度差的变化幅度不可太大。

（四）育苗管理

投苗后，应在水质调节、适时适量投喂优质饲料、换水、放养密度、增氧、防病治病、防漏防逃和防敌害等方面加强管理。

三、网箱培育大规格鱼种技术要点

（一）前期准备

鱼种进箱前，网箱和鱼种都应消毒，网箱等工具可用浓度为 20~30 mg/kg 的高锰酸钾浸泡 0.5~1.0 h，进箱时操作应谨慎避免碰伤。

（二）培育密度

鱼种培育进箱规格、出箱规格及放养密度见表 5-1。

表 5-1　主要海水鱼种培育规格及养殖密度

养殖品种	进箱规格/（g·尾$^{-1}$）	出箱规格/（g·尾$^{-1}$）	养殖密度/（尾·m^{-3}）
军曹鱼	5~6	大于 50	75~250
鲳鲹	1~2	大于 25	150~450
笛鲷类	2~5	大于 30	400~600
石斑鱼	3~5	大于 50	300~500
眼斑拟石首鱼	2~5	大于 30	400~600

四、识别苗种质量优劣技术要点

识别苗种质量优劣有五法。

一看体色。好苗种同一批次色素相同，体色鲜艳而富有光泽，鳞片完整、体表光滑而不拖泥；差苗种往往体色略暗，鳞片脱落，有的还会分泌大量的黏液而失去光泽，甚至身上沾有污泥。

二看规格是否一致。好苗种规格整齐，体长、体重相差不大，身体健壮，游动活泼；差苗种规格参差不齐，个体偏瘦。

三看活动能力。优质苗种行动活泼，集群性强，如果将手或棒插入苗碗或苗盘中间，使鱼苗受惊，好鱼苗迅速四处奔游；差鱼苗则反应迟钝，不集群，独游。

四看逆水游动。用手或木棒搅动装鱼苗的容器，激起漩涡，好鱼苗能沿边缘逆水游动；差鱼苗则卷入漩涡，无力逆游，或者将鱼苗舀在白瓷盆中，吹动水面，好鱼苗能逆风而游，差鱼苗则不能。

五看离水挣扎。把苗种舀在盆中，徐徐将水倒掉，凡在盆底强烈挣扎，头尾弯曲成圈状者为健壮苗种；若贴于盆底，挣扎无力，或仅仅头尾颤抖为弱质鱼苗。

第五节 苗种培育与运输注意事项

一、工厂化育苗注意事项

（一）放苗时注意事项

放苗前要对育苗池消毒，通常将池底和池壁刷净，漂白粉消毒，消毒后放净消毒液，然后要用干净海水冲洗池底和池壁3~4遍至用硫代硫酸钠测试无余氯。仔鱼的发育要有一定的光照。水泥池育苗时，光照太强可能会引起水温变化剧烈，还会引起藻类的迅速繁殖，因此要求调节光照强度。石斑鱼育苗池水表面的适宜光照强度范围5 000~15 000 lx，以6 000~8 000 lx最适宜；光照低于5 000 lx时，仔鱼发育缓慢，开口摄食困难。军曹鱼可保持中午的水面最大光照强度为6 000~8 000 lx。眼斑拟石首鱼对环境的适应性较强，保持中午的水面最大光照强度为8 000~15 000 lx。鲳鲹育苗中，要求光照较弱，仔鱼开口期间直接在育苗池上方用遮光网，保持中午的水面最大光照在5 000 lx以下。紫红笛鲷很难在水泥池中育苗，应以池塘育苗方式为主。

育苗初期可适当接种一些单细胞藻类，尽快地在育苗池建立一个比较稳定的生态系统，保证水质不至于变化太快。另一作用是作为轮虫的饵料。通常在放苗前一天注入新水，每立方米水体加入浓的小球藻液40~60 L、金藻液2.5~5 L。

初孵仔鱼当天就可以进入育苗池，放苗密度3万~5万尾/m^3。放苗时注意适宜的水温和盐度，孵化用水（或运输鱼苗的氧气袋内水体）与育苗池内的水温差不超过1℃，盐度差不超过3。将鱼苗慢慢放到池内，刚下池的鱼苗喜聚在池角，并且以上层为多。

（二）开口期的饵料及投喂技术

育苗前，要准备好各种饵料，根据不同发育阶段及时更换不同种类的饵料。更换饵料应注意：①每次更换饵料，要有2~3 d的过渡时间，以便多数鱼能很好地适应新饵料；②更换饵料要适时，太迟影响鱼的生长，太早则由于大部分个体还不能摄食，不仅浪费，还会引起个体间生长不均匀，使个别能摄食较大饵料的个体长得特别快。

仔鱼一般在出膜的3~4 d开口，都可以用贝卵、小轮虫或附生的微生物群体的虾片碎屑作为开口饵料，仔鱼开口摄食时有两个明显的特征：①肉眼观察到仔鱼的眼部黑色素和腹部黑色素已经出现；②将仔鱼置于玻璃杯中，可见其用吻部有力地碰撞杯壁或杯底。一旦发现仔鱼有摄食动作，要及时投喂开口饵料，保证仔鱼得到足够的营养。有的种类仔鱼口径较小，仔鱼开口摄食后，前3 d喂以贝类幼体，也可以直接投喂某些动物的成熟卵细胞，如江珧卵、牡蛎卵和海胆卵等。每天投喂4次，每次每立方米育苗水体投喂贝卵（或海胆卵）10 g，均匀泼洒全池，并在仔鱼开口的第2天起投入少量的轮虫。

（三）进排水、吸污、转池和收苗的操作

海水鱼类育苗的操作方法基本相同，但需要注意几点：①注水。喂贝类幼体期间，可以用过滤袋接在进水口，袋的底部浸入育苗池水面之下，慢慢加水。当鱼苗出现背棘和腹棘后，加水时要在过滤袋的外面加一层120目以上的筛绢网，防止鱼苗斗水时长棘刺在袋上，脱不下来。②排水。苗种在3 cm以前，可以根据鱼苗大小的不同，用相应规格的筛绢网做成换水套，虹吸排水。当全长达到4~5 cm时，可以将塑料筐直接盖在池底的排水孔上排水。③吸污、清洁池底。育苗期间为保持育苗池清洁要经常吸污，鱼体全长4 cm以前可用虹吸法吸去底部的污物，鱼全长在4 cm以上则可直接将过滤筐盖在排水口上，一边排水一边用软扫把轻轻将污物扫向排水口。④拉网、捕苗。鱼苗的背棘和腹棘未收缩之前，一般不宜拉网捕苗，之后，需要经常拉网、分规格培育，拉网前先将池底吸干净，用密布网小心将鱼捕起。

（四）各阶段的养殖密度

苗种全长达到3.5~4 cm（军曹鱼6~8 cm）以后，才可以使用鱼筛分规格，过筛时，将筛吊在水中，让鱼自由逃出，鱼长大后才更容易操作。仔鱼放苗密度一般为3万~5万尾/m^3；苗种全长2 cm，最高密度一般5 000~10 000尾/m^3；苗种全长4~6 cm期间，培育密度以500~1 000尾/m^3为宜。

二、池塘育苗注意事项

（一）保证各生长阶段有各种适口和数量充足的饵料

不同种类鱼的苗种各生长阶段对饵料的适口性是不一样的，不能一概而论。在

鱼苗孵出后的10~15 d，鱼苗以摄食轮虫和桡足类无节幼体为主，要求池塘有较高密度的轮虫。15 d以后，鱼苗个体增大，全长到4~5 mm，转为摄食以桡足类为主。30 d以后，鱼苗长到1 cm，鱼苗的摄食量增大，浮游生物很难满足鱼苗的需要，可以投喂冰冻卤虫。40 d后的鱼种，可以开始投喂鱼肉浆。如军曹鱼在全长4~5 cm以前都以桡足类为主要饵料，以后才可以适当补充冰冻卤虫，继而再转喂鱼浆。

（二）保持优良水质

保持优良水质是育苗成功的关键之一，在鱼苗摄食浮游生物期间，为防止浮游植物繁殖过快，可以在池塘上方设置遮光网，降低光照能有效地防止藻类生长过快。投喂死饵料期间，以防止水体缺氧和氨氮过高为主要措施，一旦发现水质过浓，应立即补充新水，必要时换水。

（三）适时筛分规格，以防大苗吃小苗

目前，深海网箱养殖的海水鱼类，多数为肉食性鱼类，培育过程中，不可避免地会出现个体的大小差异。全长达到2 cm（军曹鱼为4 cm）以后，互相残杀的现象逐趋严重，通常要每周拉网过筛1次，按大小分开培育，防止大鱼压制小鱼生长和大鱼吃小鱼现象的发生。

（四）及时清除浒苔等丝藻

海南气候的特点之一是光照充足，育苗池塘水深一般较浅，池水又较清，透明度较大，在这样的条件下，浒苔等丝藻生长非常迅速。一旦发现浒苔等丝藻在育苗池中出现，通常要人工及时清除。这些植物生长过多，鱼苗容易被缠在其中，同时，大型水生植物争肥能力很强，浒苔等生长过多的池塘，浮游植物很少，不利于鱼苗生长。预防育苗池丝藻生长的方法，是控制水质，维持水体一定的浮游植物的量，降低池水的透明度。但是，丝藻一旦大量发生，就难以控制，所以防止丝藻的发生应以预防为主。

三、苗种运输的注意事项

在深海网箱养鱼生产中，运输鱼苗和鱼种是一个十分重要的环节，要把好这一关，注意的事项有以下几方面。

（一）选用适合的运苗工具和备用品

运输苗种的常用器具有氧气袋、塑料桶等。氧气袋适宜于长距离、长时间、大批量鱼苗运输；而塑料桶只适用于短距离、少量运输。用氧气袋运输时必须注意氧气袋质量，现在很多厂家生产了双层氧气袋，比较保险，还要外加泡沫塑料鱼苗箱

(或其他容积相符的纸箱) 盛装，以免在运输途中被硬物刺破氧气袋。运输全长大于 5 cm 的大规格鱼种，宜用活水船或活鱼运输车，并注意在运输鱼苗和鱼种时，一般需携带氧气袋或氧气瓶、橡皮圈、胶布（或透明胶）、塑料胶管、水瓢、水桶、气泵、增氧剂和手捞网等备用的器具物品，以处理漏气、漏水和缺氧等应急事件。

(二) 运输的苗种要体质健壮无病无伤

按前面所述的识别苗种质量优劣技术要点的要求，挑选体质健壮的苗种交付运输。体质健壮的苗种，基本要求就是规格整齐、体色有光泽、鳞片完整、行动敏捷、挣扎剧烈、逆水游动力强。而那些规格不齐、鳞片脱落、拖带污泥、身体瘦弱、游动无力的苗种则不适于运输，否则成活率很低，还会传播鱼病。

(三) 苗种在运输前进行暂养锻炼

苗种运输前 2~3 d 在密眼网箱中集聚和拉网锻炼 1~3 次，使苗种经受密挤受惊的锻炼，结实身体，增强体质，促使粪便排泄，促进黏液分泌和排放，增强耐低氧的能力，减轻运输过程中对水质的污染，还要注意在起运前停食 1~2 d，起运之前要在清水中暂养 2~3 h。

(四) 运输用水要清洁卫生并要注意温差和盐度差变化

运输用海水必须选用水质清洁，含有机物质少，溶氧量高，不含污染物质。运输用水（或氧气袋内）与育苗池水体或孵化用水的水温差不超过 1℃，盐度差不超过 3；同样运到目的地后，放苗时运输用水（或氧气袋内）与放苗网箱水体的水温差不超过 1℃，盐度差不超过 3。鱼苗运到后，不可直接倒入暂养网箱，应将氧气袋连同鱼苗一起静置于网箱中，待温度、盐度一致后，再解开袋子，慢慢加入新水，使鱼苗逐渐适应新环境后再倒入网箱中，避免应激反应造成死苗。

(五) 合理运输密度

用氧气袋运输鱼苗，在一个充氧的塑料薄膜氧气袋（0.4 m×0.8 m）内装水量占氧气袋总容积的 20%~25%，装运密度视交通工具、品种规格、运输距离等情况灵活掌握。在 20℃ 以下，一般鱼种每袋 200~800 尾，2.5 cm 眼斑拟石首鱼每袋 1 000~1 500 尾。运输时间长、气温高时，可加冰块降温，使运输水温保持在 18~21℃，冰块应放置在各氧气袋之间。用塑料桶运输，密度为石斑鱼（3~5 cm）500 尾/m^3 以下，鲷科鱼类（3~5 cm）1 000 尾/m^3 以下。活水船运输密度一般为全长 3~5 cm 石斑鱼鱼种 500~1 000 尾/m^3，3~5 cm 鲷科鱼类 1 000~2 000 尾/m^3。用活鱼运输车运送的密度 3~5 cm 石斑鱼鱼种少于 500 尾/m^3，4 cm 鲷科鱼类少于 4 000 尾/m^3，全长 12~16 cm 军曹鱼为 800~1 000 尾/m^3。海区水温在 20~28℃，如卵形鲳鲹的鱼种规格在 20~50 g/尾，活水船最大运输密度约 3 000 尾/m^3；敞口容器汽车运输，具充气设备，最大运输密度约 2 000 尾/m^3。

（六）注意勤检查

用氧气袋运输时要经常检查氧气袋是否破损漏气，一旦发现漏气现象即要及时换袋充氧。用其他器具运输要经常检查鱼的活动情况，若出现浮头，要及时充气或添加增氧剂增氧。如需要换水必须换清洁无污染的新鲜海水，用瓢舀出或用塑料胶管吸出老水，再轻轻加入新水，避免温差和盐度差过大。换水时切忌将新水猛冲加入，以免冲击鱼体造成受伤，换水量一般为 1/3~1/2。若换水困难，则可采取击水、淋水或气泵送气等方式补充溶解氧，还可施用增氧剂等增氧。

（七）放养前的处理

鱼种在搬运过程中，易造成鱼体损伤、鳞片脱落，从而容易引起细菌感染，寄生虫侵入。若在鱼种放养前不及时处理，会出现鱼体皮肤溃烂等病症。故鱼种运输抵达目的地以后，可关闭流水系统，保留连续冲气，可用 0.5~1 mg/L 的高锰酸钾溶液浸洗 5~10 min，或用 100~200 mL/m^3 的福尔马林溶液浸洗 3~5 min，或用 10~15 mL/m^3 的聚维酮碘溶液浸洗 3~5 min，以达到预防疾病的目的。

（八）运输前要作好计划和准备工作

苗种运输之前要作好周密的计划和充分的准备，如装运时间、起运时间、到达时间、人力安排、工具准备和中途换水地点等，都要计划和准备好，做到快装、快运，尽量缩短运输时间。并须将运输计划通知对方，让对方也要提前做好接鱼的各种准备工作，使整个运苗过程有条不紊，达到提高苗种运输和放养成活率的目的。

鱼种采购前，应根据供需双方的协议进行检验，检验合格的鱼种方可外运。鱼种异地运输应进行检疫，并凭检疫证方可运输。对供应单位养殖海区与深海网箱养殖海区的水质情况必须事先了解，海区之间环境因子的变化幅度要小，对鱼种的计量工具必须进行验证。

第六节　卵形鲳鲹苗种阶梯式培育技术

大型网箱阶梯式中间培育是相对传统的中间培育方法，采用大型网箱，以苗种体长及网衣网目大小为筛苗原则，在充分考虑培育密度的基础上，严格控制苗种筛分的时间节点，将体长 2.9~3.2 cm 的苗种培育成体长达 7.2 cm 以上苗种的培育过程进行梯度分级培育的一种培育方式。本阶梯式中间培育技术设分 3 个培育阶段，即一级培育（把体长 2.9~3.2 cm 的苗种培育成体长不小于 4.4 cm 苗种的过程）、二级培育（把体长不小于 4.4 cm 的苗种培育成体长不小于 5.8 cm 苗种的过程）及三级培育（把体长不小于 5.8 cm 的苗种培育成体长不小于 7.2 cm 苗种的过程），各级培育阶段根据网目规格和苗种体长规格进行划分（表 5-2）。课题组实施的具体方案依据阶梯式苗种中间培育技术路线制定，先通过试验初步确定各培育阶段的分苗时间节点和最佳培育密度技术参数，然后经试验验证和优化，形成完善的阶梯式苗种中间培育技术，在此基础上，应用该技术规模化培育卵形鲳鲹苗种。

表 5-2　各级培育苗种体长和培育网衣网目规格

分级名称	一级培育	二级培育	三级培育
体长/cm	2.9~4.4	4.4~5.8	5.8~7.2
网目规格/cm	1.2	2.0	3.0

一、阶梯式中间培育技术各培育阶段参数试验和优化

（一）一级培育分苗最佳时间节点参数试验和优化

一级培育分苗时间节点根据分苗时体长不小于 4.4 cm 的苗种占初始放苗数量的百分比，即：分苗时间节点 =（体长不小于 4.4 cm 苗种数量÷放苗总数量）×100%来划分，共设置 3 个分苗时间节点：30%、40%和 50%，通过比较各时间节点苗种成活率和体长在 4.4~4.9 cm 苗种的集中度来确定最佳分苗时间。课题组于 2016 年 4 月 10 日开始试验，共购进苗种 122.62 万尾，体长规格 2.9~3.2 cm，放于 1A、1B、2A 和 2B 共 4 只 60 m 周长网箱，4 月 22 日网箱 1A、1B 第一次分苗后增加 1 只网箱 8A，具体试验数据和结果见表 5-3，图 5-1 和图 5-2。

结果表明，在苗种一级培育过程中，苗种成活率和体长集中度明显受到分苗时间节点的影响。虽然分苗时间节点 50%和 40%的苗种成活率都高达 90%以上，但分苗时间节点 50%时的成活率明显低于分苗时间节点 40%时的成活率（$p<0.05$）（图 5-1）（分苗时间节点为 30%时，由于此时体长达到 4.4 cm 的苗种数量太少，因此没有进行分苗。）；4.4~4.9 cm 苗种体长集中度在分苗时间节点 30%和 40%时都高达 85%以上，且两者间无显著性差异（$p>0.05$），但随着分苗时间节点后移到 50%，体长集中度出现了显著降低（$p<0.05$），降到了 80%以下（图 5-2）。因此，综合考虑劳动强度、成本、苗种成活率、苗种体长集中度以及后续培育效果等因素，一级培育分苗时间节点确定为 40%左右。

表 5-3　一级培育分苗时间节点试验数据

网箱编号	放苗日期	放苗数量/尾	一级培育分苗日期	分苗时间节点	剩苗数量/尾	成活率/%
1A	4 月 10 日	304 000	4 月 22 日	40%	295 000	97.04
1B	4 月 10 日	302 800	4 月 22 日		290 000	95.77
1B	4 月 22 日	336 000	4 月 26 日		316 000	94.05
8A	4 月 26 日	180 000	4 月 30 日		176 000	97.78
5A	4 月 11 日	307 800	4 月 26 日	50%	289 000	93.89
5B	4 月 11 日	311 600	4 月 26 日		291 000	93.39
5B	4 月 26 日	301 000	4 月 30 日		285 000	94.68

注：分苗时间节点 30%时，由于体长达到 4.4 cm 的苗种数量太少，因此没有进行分苗。

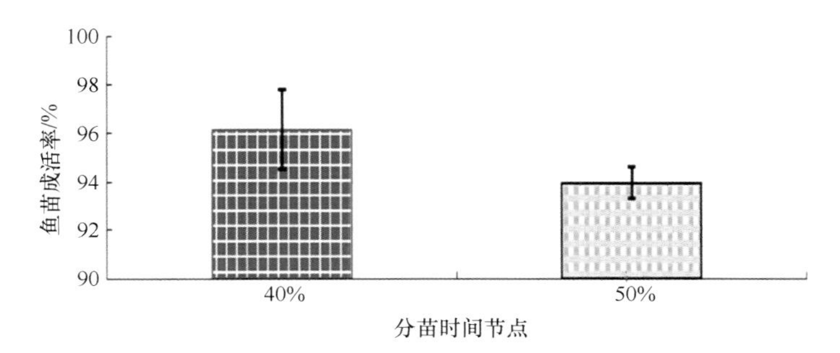

图 5-1　一级分苗时间节点对鱼苗成活率的影响

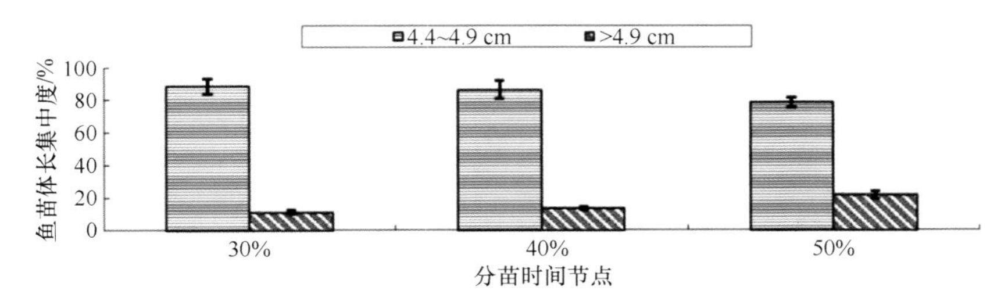

图 5-2　一级分苗时间节点对鱼苗体长集中度的影响

同年 5 月 20 日至 6 月 2 日，对一级培育分苗时间节点进行验证试验，具体试验数据见表 5-4。结果显示，一级培育分苗时间节点 40%时，苗种成活率可保持在 95%以上，体长 4.4~4.9 cm 苗种集中度可保持在 85%以上，培育效果良好，并且与前期试验结果吻合，因此，一级培育分苗时间节点定为 40%。

表 5-4　一级培育分苗时间节点（40%）验证试验数据

网箱编号	放苗时间	放苗数量/尾	分苗时间	成活率/%	平均成活率（X±SD）/%	体长 4.4~4.9 cm 苗种集中度/%	平均集中度（X±SD）/%
2A	5 月 20 日	300 700	6 月 1 日	95.90	97.06±1.26	87.2	86.15±0.93
8A	5 月 21 日	280 400	6 月 2 日	98.40		85.46	
9A	5 月 22 日	278 000	6 月 2 日	96.89		85.78	

（二）二级培育最佳培育密度参数试验和优化

二级培育密度主要通过比较不同培育密度对苗种成活率和体长 5.8~6.6 cm 苗种集中度的高低确定。试验开始于 2016 年 4 月 22 日，各培育密度根据一级培育分苗所得苗种数量随机划分，具体数据和试验结果见表 5-5 和图 5-3。

表 5-5　二级培育密度参数试验数据

网箱编号	放苗日期	放苗密度/（尾·m^{-3}）	放苗数量/尾	分苗日期	剩苗数量/尾	成活率/%
1A	4 月 22 日	208	250 000	4 月 28 日	240 000	96.00
1B	4 月 26 日	130	156 000	5 月 2 日	154 000	98.72
5A	4 月 26 日	233	279 000	5 月 2 日	265 000	94.98
5B	4 月 30 日	214	257 000	5 月 9 日	249 000	96.89
8A	4 月 30 日	178	213 000	5 月 6 日	209 000	98.12

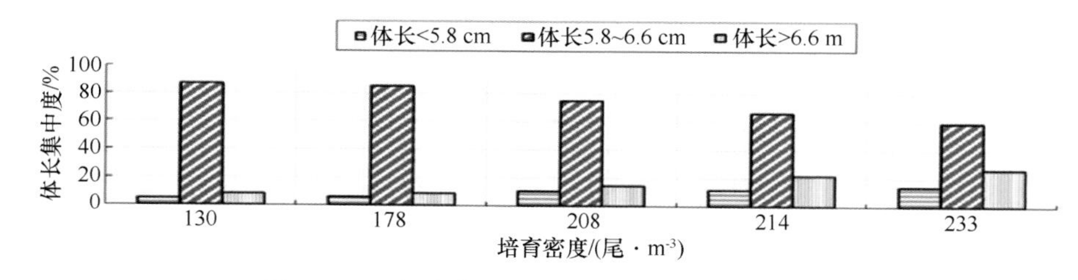

图 5-3　二级培育密度对鱼苗体长集中度的影响

从表 5-5 和图 5-3 中可以看出，二级培育密度对苗种成活率影响不大，特别是在培育密度小于 214 尾/m^3范围内，基本可维持 95%以上的成活率。二级培育密度对体长 5.8~6.6 cm 苗种集中度有很大影响，要想保持该体长集中度在 80%以上，培育密度应小于 200 尾/m^3，如想保持 85%以上，则培育密度应小于 180 尾/m^3。因此，为了获得较高的培育成活率和培育效率，同时获得较好的体长集中度，二级培育密度保持在 150~200 尾/m^3。

为了验证和优化二级培育密度参数，课题组根据前期试验数据，从 2016 年 6 月 1—11 日，设置了 150 尾/m^3、180 尾/m^3、200 尾/m^3和 210 尾/m^3共 4 个密度梯度，每个密度梯度设 3 个平行进行试验，具体试验数据和结果见表 5-6 和图 5-4。结果显示，二级培育密度对苗种成活率无显著性影响（$p>0.05$），但对体长 5.8~6.6 cm 的苗种集中度有明显影响，培育密度在 150~180 尾/m^3范围内，集中度都在 85%以上，且无显著性差异（$p>0.05$），当培育密度增加到 200 尾/m^3以上后，集中度会显著降低到 80%以下，出现明显差异（$p<0.05$），这与前期阶段实验结果显示的趋势基本相同，因此，可以确定二级培育最佳密度为 150~180 尾/m^3，最高不要大于 200 尾/m^3。

表 5-6　二级培育密度优化试验数据

网箱编号	放苗时间	放苗数量/尾	放苗密度/（尾·m^{-3}）	分苗时间	剩余苗种数量/尾	成活率/%	平均成活率（X±SD）/%
4A	6 月 1 日	181 000	151	6 月 9 日	177 130	97.86	97.30±0.53
4B	6 月 2 日	180 500	150	6 月 10 日	174 760	96.82	
19A	6 月 3 日	180 200	150	6 月 11 日	175 170	97.21	
19B	6 月 1 日	216 400	180	6 月 8 日	212 570	98.23	97.70±0.51
11A	6 月 2 日	216 600	181	6 月 8 日	211 470	97.63	
11B	6 月 3 日	215 900	180	6 月 10 日	209 880	97.21	
27A	6 月 4 日	240 690	201	6 月 11 日	234 960	97.62	97.31±0.38
27B	6 月 3 日	240 500	200	6 月 9 日	233 000	96.88	
26A	6 月 5 日	240 800	201	6 月 10 日	234 590	97.42	
26B	6 月 4 日	252 200	210	6 月 10 日	242 940	96.33	96.82±1.45
39A	6 月 4 日	252 600	211	6 月 11 日	241 690	95.68	
39B	6 月 5 日	251 700	210	6 月 11 日	247 800	98.45	

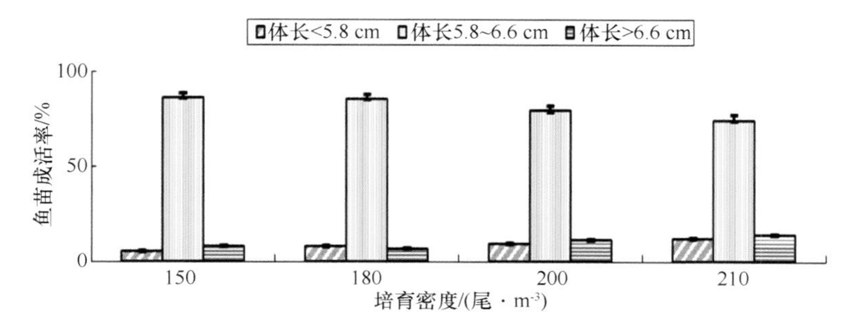

图 5-4　二级培育密度对鱼苗体长集中度的影响（优化）

（三）三级培育最佳培育密度参数试验和优化

三级培育密度主要通过比较不同培育密度对苗种成活率和体长 7.2~8.2 cm 苗种集中度的高低确定。试验开始于 2016 年 4 月 28 日，各培育密度根据二级培育分苗所得苗种数量进行随机划分，具体数据和试验结果见表 5-7 和图 5-5。三级培育密度对苗种成活率影响不大，在培育密度低于 208 尾/m³的情况下，苗种成活率无明显变化。与之相反，培育密度对体长 7.2~8.2 cm 苗种集中度有明显影响，培育密度高于 180 尾/m³，体长集中度会降到 70%以下。为了获得体长均匀度较好的成鱼养殖苗种，三级培育密度最好保持在 180 尾/m³以下。

表 5-7　三级培育密度参数试验数据

网箱编号	放苗日期	放苗密度/（尾·m⁻³）	放苗数量/尾	分苗日期	剩苗数量/尾	成活率/%
1A	4 月 28 日	183	220 000	5 月 3 日	220 000	97.52
1B	5 月 2 日	121	145 000	5 月 6 日	145 000	98.62
5A	5 月 2 日	205	246 000	5 月 4 日	246 000	97.97
5B	5 月 9 日	208	249 000	5 月 15 日	249 000	93.17
8A	5 月 6 日	187	224 000	5 月 14 日	224 000	96.88

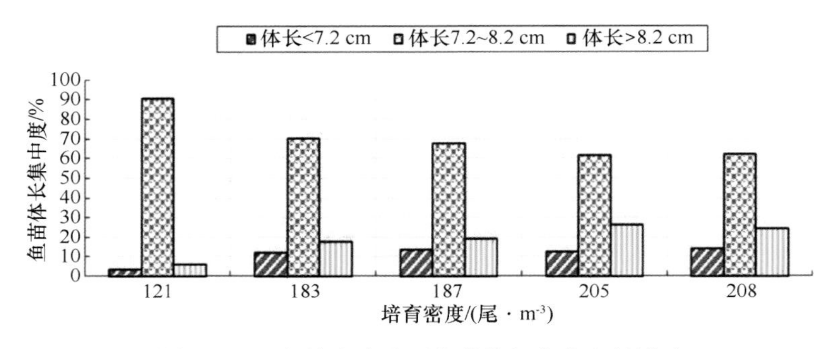

图 5-5　三级培育密度对鱼苗体长集中度的影响

为了验证和优化三级培育密度参数，课题组根据前期阶段试验数据，从 2016 年 6 月 9—23 日，设置了 120 尾/m³、150 尾/m³、160 尾/m³和 170 尾/m³共 4 个密度梯度，每个密度梯度设 3 个平行进行试验，具体试验数据和结果见表 5-8 和图 5-6。从表 5-8 和图 5-6 可以看出，在设置密度范围内，三级培育密度对苗种成活率亦无显著性影响（$p>0.05$），对体长 7.2~8.2 cm 苗种集中度有明显影响。培育密度在 120~150 尾/m³范围内，集中度虽有显著性差异（$p<0.05$），但都在 85%以

上；当培育密度增加到 160 尾/m³ 以上后，集中度会显著降低到 80% 以下，这一结果也与前期阶段实验结果显示的趋势基本相同，因此，确定三级培育最佳密度为 120～150 尾/m³。

表 5-8　三级培育密度优化试验数据

网箱编号	投苗时间	放苗数量/尾	放苗密度/（尾·m^{-3}）	分苗时间	剩余苗种数量/尾	成活率/%	平均成活率（X±SD）/%
18A	6 月 9 日	144 700	121	6 月 20 日	143 540	99. 20	98. 32±0. 80
18B	6 月 10 日	144 200	120	6 月 22 日	141 490	98. 12	
30A	6 月 11 日	144 500	120	6 月 21 日	141 090	97. 64	
30B	6 月 9 日	180 300	150	6 月 19 日	174 314	96. 68	97. 06±0. 44
34A	6 月 10 日	180 600	151	6 月 21 日	175 110	96. 96	
34B	6 月 11 日	180 500	150	6 月 22 日	176 060	97. 54	
40A	6 月 9 日	192 500	160	6 月 20 日	187 980	97. 65	97. 34±0. 27
40B	6 月 10 日	192 300	160	6 月 20 日	186 760	97. 12	
41A	6 月 11 日	192 200	160	6 月 23 日	186 930	97. 26	
41B	6 月 10 日	204 300	170	6 月 23 日	198 700	97. 26	96. 69±0. 52
48A	6 月 10 日	204 900	171	6 月 22 日	197 175	96. 23	
48B	6 月 11 日	204 800	171	6 月 22 日	197 800	96. 58	

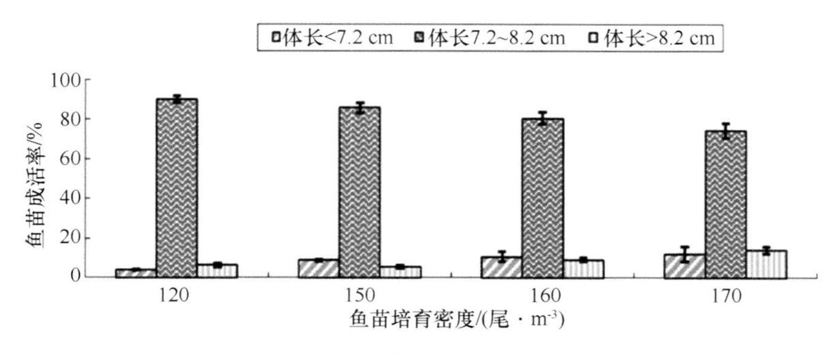

图 5-6　三级培育密度对鱼苗成活率的影响

二、阶梯式苗种中间培育技术培育苗种应用成鱼养殖情况

笔者于 2016 年 5—11 月间，利用 80 m 周长大型网箱 14 只，投入阶梯式中间培

育技术培育所得苗种约105万尾，经5个多月的养殖，单只网箱平均产量达37 362.2 kg，成活率高达（86.93±4.31）%，商品鱼的大小均匀，平均体重达（574±6.82）g，取得了良好的养殖效益（表5-9）。

表5-9　阶梯式中间培育技术培育苗种成鱼养殖应用数据

网箱号	放苗日期	放苗数量/尾	收获日期	产量/kg	尾均重/g	商品鱼/尾	成活率/%
二区9	5月3日	75 000	10月11日	39 943	635±21.5	62 902	84
二区10	5月3日	75 000	10月4日	36 303	625±18.6	58 085	77
二区11	5月3日	75 000	10月6日	40 468	600±20.6	67 446	90
一区12	5月6日	75 000	10月28日	38 436	565±11.5	68 028	91
一区13	5月6日	75 000	10月29日	35 447	530±16.3	66 880	89
二区14	5月4日	75 000	11月11日	36 838	560±17.2	65 782	88
二区15	5月4日	75 000	11月13日	40 012	650±18.4	61 556	82
二区16	5月4日	75 000	11月5日	43 314	650±20.4	66 637	89
二区17	5月9日	75 000	10月23日	41 580	620±18.7	67 064	89
二区18	5月9日	75 000	10月27日	34 320	500±10.6	68 640	92
二区19	5月9日	75 000	11月3日	31 920	515±12.3	61 980	83
一区14	5月9日	75 000	11月11日	33 593	525±14.7	63 987	85
一区15	5月9日	75 000	11月3日	35 816	535±17.2	66 946	89
一区16	5月9日	75 000	11月2日	35 081	525±14.8	66 820	89

三、阶梯式苗种中间培育技术和传统中间培育技术培育效果比较

笔者于2016年4月12日至5月4日，共设置两个对照组，按传统培育方式进行苗种中间培育。对照组1为40 m周长网箱，共6只；对照组2为60 m周长网箱，共3只，各网箱试验数据及结果见表5-10和表5-11。结果表明，采用传统中间培育方式，无论是40 m周长网箱，还是60 m周长网箱，苗种培育成活率多数低于75%，平均成活率分别只有（72.73±2.45）%和（73.98±1.68）%，试验期间，利用阶梯式苗种中间培育技术规模化生产应用，育苗平均成活率高达（86.19±1.34）%，优势十分明显。

表 5-10　对照组 1 周长 40 m 网箱传统中间培育方式试验情况

网箱编号	放苗日期	放苗数量/尾	结束日期	剩苗数量/尾	成活率/%	平均成活率（X±SD）/%
28A	4 月 12 日	101 000	5 月 4 日	74 500	73.76	72.73±2.45
28B	4 月 12 日	100 500	5 月 4 日	78 100	77.71	
32A	4 月 12 日	101 500	5 月 4 日	69 700	68.67	
32C	4 月 12 日	100 200	5 月 4 日	75 700	75.55	
35A	4 月 12 日	101 300	5 月 4 日	75 200	74.23	
35c	4 月 12 日	102 000	5 月 4 日	67 800	66.47	

表 5-11　对照组 2 周长 60 m 网箱传统中间培育方式试验情况

网箱编号	放苗日期	放苗数量/尾	结束日期	剩苗数量/尾	成活率/%	平均成活率（X±SD）/%
10A	4 月 13 日	310 500	5 月 3 日	239 800	77.23	73.98±1.68
18A	4 月 13 日	305 300	5 月 3 日	212 000	69.44	
26A	4 月 13 日	312 000	5 月 3 日	234 800	75.26	

第七节　军曹鱼中间培育技术

一、海区选择

苗种培育海区应选择在有一定挡风屏障或风浪较小，水流畅通且缓和，流速小于 1 m/s（一般为 0.5~0.7 m/s），水交换充分，不受内港与污染影响，水质清澈新鲜，水底平坦，且倾斜度小，硬砂泥底质，水深 7~15 m，中潮线水深 8~10 m 的海区。水质要求：盐度 20~35、水温 15~32、pH 值 7~9、透明度 5~10 m、溶解氧 5 mg/L 以上。

二、网箱结构

军曹鱼苗种中间培育网箱通常采用近海浮动式网箱，它的结构由浮架、箱体及固定装置组成，浮架系统由硬质木材（方木）和塑料浮子（直径 50~60 cm，长为 90~110 cm）或泡沫浮子（直径 50 cm，长为 80~100 cm）加工而成，通过渔用尼龙胶丝（约 90 kg）固定于方木浮架下面，组成浮架系统（鱼排），然后将装配成型的浮架用木桩或锚固定于选择好的海区。鱼排可做成 9 箱、16 箱和 25 箱等规格，网箱规格多为 2.5 m×2.5 m×2.5 m、4 m×4 m×3 m、3 m×3 m×3 m 和 5 m×5 m×3 m，上部固定于浮架上，底部用沉子固定使网箱成型，沉子有多种多样，但目前最为实用的是用装配合成饲料的编织袋装砂做成砂袋做沉子，它的优点是沉子表面光滑且较耐用，不擦、刮网衣，原材料来源广，可废物利用，可根据袋子的老化破损程度随时更换。网箱箱面高出水面 0.5 m 并加盖网，网衣习惯上皆选用日本进口无结节纤维网片。

三、幼鱼培育

1. 选苗与投苗

选择游泳能力强、体表干净、体色正常、鳞片整齐、体质健壮、规格一致的同一批种苗，全长为 8 cm 以上。投苗入箱前先做好种苗消毒工作，在活水舱内根据舱的水体积计算用药量，一般可使用含氯消毒剂、高锰酸钾或淡水消毒等进行消毒，时间约为 5 min，然后用桶带水将幼鱼移入幼鱼培育箱内。投苗时间选择在小潮汛平潮流缓时进行。在水温较低早春季节选择晴天且无风的上午 9:00—10:00 或下午 3:00—5:00 投苗，在水温较高季节宜选择阴凉的早晚投苗。

2. 放养密度

边长 2.5 m 的小网箱放养密度为 500~600 尾/箱；边长 3 m 的鱼苗网箱放养密度为 600~800 尾/箱。随着幼鱼的生长逐级分箱培育。

3. 饲料与投饵

幼鱼饲料可用海水鱼配全饲料 1 号料喂养；也可用鲜杂鱼或鲜杂鱼+配合饲料粉料加以强化培育。军曹鱼抢食速度快，消化速度快，投喂以量适次多的原则，一般每天投喂 4~5 次，投料前先用手打水引诱幼鱼上游集群，通过手控制投出的数量和饲料块的大小，先少量慢投，待鱼群集中于投饲点周围时快速投喂，投饲速度与鱼群摄食速度一致，边投边观察幼鱼摄食状况，同时照顾少数体质较弱的种苗，投饲量以吃饱为准。配合饲料的投饵量为体重的 6%~8%。

4. 管理操作

由于幼鱼培育阶段网箱网目较小，鱼活动能力相对较弱，南方地区水温较高，应每隔 7 d 左右清洗或更换网衣 1 次，结合换网，必要时可用淡水浸浴鱼苗，或用（100~200）$\times10^{-6}$的福尔马林浸泡消毒。

5. 筛选分箱

幼鱼培育过程中，由于军曹鱼摄食量大，生长迅速，单位箱体载鱼量增加，个体生长开始出现分化，大小差异分化明显，投饲不足时有相残现象，不利于生长和提高成活率，一般每15天左右逐渐进行筛选分箱饲养，以调整合理的养殖密度和重新布箱，使同箱幼鱼规格趋于一致，促进幼鱼生长。分箱操作以不碰伤鱼体，减少幼鱼应激反应为原则，时间宜选择在小潮汛的早晨或傍晚进行。苗种经过2个月的饲养，每尾体重达500 g左右，这时可以转入深水网箱进行饲养。

四、日常管理注意事项

（1）军曹鱼是肉食性鱼类，250 g以下可用配合饲料或鲜杂鱼投喂，而250 g以上目前主要用青鳞鱼、玉筋鱼和蓝圆鲹等鲜杂鱼投喂，必要时可加入相应的添加剂，投喂量以饱食为准，每次投喂时应观察军曹鱼的摄食情况、活动状况和鱼体体色，若有异常，应及时找出原因并尽快解决。

（2）定期测量体长、体重等生长指标，做好水温、气温、盐度、投饲量、生长情况、病鱼发病时间、症状和用药情况等日志。

（3）网衣长期置于海水中，易被某些海洋生物和污泥附着。在南方海区附着的生物主要有藤壶、牡蛎、苔虫、龙介虫、贻贝及一些附生藻类。大量生物和污物附着在网衣上，一是大大增加网衣的重量，严重时会使整个浮架下沉；二是阻塞网眼，严重影响水流畅通，使网箱水交换量大大减少，箱内水质变坏，影响鱼类生长，在水温较高的季节甚至可以引起网箱内的鱼类缺氧死亡，造成损失，而这点往往是海水网箱养殖者不能引起注意的。按照目前我国的国情和市场，对抗网衣污损尚无十分有效的防治方法，一些厂家虽生产有抗污损网片，但不是效果不佳就是造价过高，所以渔民使用较少。在实际生产过程中，对普通网衣要根据网衣附着物的着生和附着情况，定期更换，更换时间间隔视网目的大小、水温、海区水质状况、养殖密度、鱼体大小和健康状况而定，一般每15~20天更换网衣1次，冬季每月更换1次以保持网箱内外水流畅通，网目小、水温高时换网次数可增加。更换下的网衣可用高压水枪冲洗或经日晒后用木棍敲打干净后备用。在日常操作管理过程中，必需经常检查网衣有否破损、是否绑牢、盖网是否盖好等，台风前后尤其需要注意，因常有网破鱼逃的事件发生。

第八节　石斑鱼中间培育技术

一、水泥池培育

（一）培育条件

（1）场所：室内或室外的水泥培育池。各种形状均可，容积为 10~20 m^3、有循环流水设施为最佳，但对于高度则要求须在水深 1 m 以上。

（2）光照：室内培育池采用自然光。室外培育池白天要避免直射阳光，可用遮光网控制光照强度，光照强度应为 800~1 200 lx。

（3）水温：各种不同品种适宜的水温不同，如点带石斑鱼为 22~29℃；棕点石斑鱼为 25~32℃。选择品种时须视具体情况而定。昼夜水温的剧变要特别注意，防止因温度的剧变造成鱼的免疫力下降。低于 13℃时食欲很低。

（4）盐度：广盐性，一般品种在盐度 10 以上的水中均可生长。最佳盐度为 23~29。

（5）水环境：要保持环境安静，水质清新，最好为持续流水饲养，进、排水量要均衡正常，不可或多或少，pH 值维持在 7. 8~8. 4，溶解氧在 5 mg/L 以上，氨氮控制在合理的范围之内。

（6）放苗密度：可根据鱼苗规格的大小而定，规格大的可放疏一些，规格小的可适当加大放养密度。通常的密度为 1 000~1 500 尾/m^3。

（二）喂料管理

1. 饵料转化

体长未达到 3 cm 或身体尚未长出花纹的鱼苗主要投喂桡足类或卤虫。当鱼苗体长达到 3 cm 以上时可投喂鱼、虾肉糜，此时的卤虫成体只作为补充的食物。观察鱼苗摄食时要仔细，尽可能做到每次喂料完之后都进行观察，当鱼苗体长达到 3. 5 cm 以上时，可完全转为投喂新鲜的碎鱼、小杂虾或小的活鱼，为帮助鱼苗提高摄食量及帮助消化，可添加些人工配合饲料（普通的鳗鱼浮水性颗粒饵料）作为补充。鱼苗体长达到 4 cm 以上时主要以人工配合饵料为主，鱼、虾肉糜作为少量补充，直至完成饵料的转化过程。

2. 喂料方法

原则上每天喂两次，定时但不定量，视食饱为止，但不可过饱。饱食的鱼苗耗氧量会剧增，应及时充气或注入新鲜海水。

（三）日常管理

1. 换水

保持稳定和良好的水质环境是管理上必须注意的。池中的水要勤换，其做法是，一般在 5 d 全池大换水 1 次，在每次投喂时，都必须进行新旧水的交换。平均每天都要换水 1 次，换水量约为 1/3 左右。

2. 除污

除了每次大换水清底除污外，同时要观察鱼苗的摄食情况和饱食率。随时掌握水中的残饵量，以便及时做出调整。清底工作十分重要，每日都要定时进行吸污。发现池底过于肮脏要及时整体换池，避免病菌的大量繁殖。

3. 观察

密切注视鱼苗的行为反应，如出现有一部分鱼苗离开群体时要正确判断出是否受寄生虫或病毒的感染，以便及时采取相应措施。鱼苗由于生长速度不同而产生个体差异，群体的明显分化会造成严重的相互蚕食现象。这时要及早进行分筛培育。

4. 筛苗

分筛鱼苗一般用手工进行。即通过目测区分规格，然后选定各种不同尺寸的筛子。筛选出来后，分别置于不同的培育池中。注意操作上要相当小心，以免损伤鱼的体表。在新移入的培育池中可投放一定量的药物，通常使用日野黄药，浓度（0.5~1）$\times10^{-6}$，预防因操作不当而受伤引发的体表感染。

石斑鱼属于肉食性凶猛鱼类，相互蚕食是其天性。容易出现这一现象的外部原因大致有 3 点：①喂料不足；②个体差异大；③放养密度过大。所以为了提高标粗成活率，放养密度是个不可忽视的严重问题，分选后的培育密度应维持在 800~1 000 尾/m^3。

二、池塘培育

池塘培育是较常见的培育方式之一。通常是将从人工育苗培育的 2.5~3 cm 鱼苗培育成适合网箱养殖或池塘养殖的规格，一般是将鱼苗培育成 10~12 cm，也有人通过分级培育，生产更大规格的石斑鱼鱼苗。

（一）池塘及池塘准备

培育鱼苗的池塘与人工育苗的池塘要求相似。通常面积 2~5 亩*，长方形，土池或水泥护坡。水深 1.5 m 以上。水源无污染，盐度 15~33 均可，有充足的淡水水源为好。

1. 池塘消毒

鱼苗下池前，要用药物对池塘消毒，杀灭敌害生物、寄生虫和病原菌等。常见的消毒方法是漂白粉清塘。

（1）带水清塘。池水深 1 m，每亩用漂白粉 15 kg。操作时戴上口罩，将漂白粉用水化开，人在上风处向池塘均匀泼洒，清塘后 3~5 d 即可使用。

（2）干池清塘。水深 5~10 cm，每亩池塘用漂白粉 5 kg，按照以上方法将药物向池塘塘底及池壁均匀泼洒。24 h 后将有药物的水排出，池塘加水后即可使用。

2. 进水和肥水

药物清塘后即可注入新水。注水时在进水口用 40 目以上的过滤网将水过滤。防止敌害生物随水进入。注水至 1 m 左右，施肥培水。施用的肥料可分有机肥和无机肥两种。有机肥肥效长，效果好，可将禽畜粪便装在编织袋内，袋上插一些小孔，以便肥分流出，将袋挂于池角。另在池外将禽畜粪肥堆埋，发酵后使用，用作追肥。无机肥肥效快而短，一般用作追肥，常用尿素、硝酸钾等，一次使池水 pH 值保持在 7.5~8.5，水色浅绿色或黄褐色，透明度控制在 30~40 cm。施用 4~5 kg，视水色、pH 值和透明度等情况灵活施用。

（二）放养鱼苗

1. 鱼苗选择与消毒

鱼苗质量主要从外观进行鉴别，活动活泼、背部肌肉丰满、体表光洁、无掉鳞、鳍条无损伤、体色正常自然的为优质鱼种。鱼苗在放养前必须进行严格消毒，杀灭病原菌和寄生虫，防止伤口感染。常用方法有：① 5 mg/kg 的高锰酸钾药浴 10~14 min。② 10~20 mg/kg 的福尔马林药浴 40~70 min。③ 淡水浸泡 10 min。

2. 鱼苗投放及放养密度

培育池进水施肥后，当池中出现轮虫、桡足类等浮游动物即可向池塘投放小规格鱼苗。外地运输来的鱼苗必须经过暂养以适应本地池塘的养殖条件，并在此过程中剔除运输途中受伤或死亡的个体。如果鱼苗是在本地培育，即鱼苗培育的环境条

---

* 亩为非法定计量单位，1 亩 = 1/15 hm^2。

件与池塘养殖条件相差不大，暂养数小时即可下池；若育苗池塘的养殖方式、养殖水体环境与鱼苗原生长地环境差异较大，则需要暂养数天或更长时间以适应本地环境。鱼苗的放养密度，因池塘条件、养殖方式、鱼苗出池规格和养殖技术管理而有所不同。以配有增氧机、面积2亩的池塘为例，如计划培育成10 cm鱼种，建议放养密度为4 000~6 000尾/亩。

（三）饵料投喂

投饵是日常管理中最重要的工作。2.5~3 cm鱼苗放到池塘进行培育，要求池塘中有丰富的桡足类等浮游动物，以便鱼苗下池立即可以得到丰富的饵料生物，有利于提高成活率。用池塘培育石斑鱼苗，常用的饵料是鱼浆。将从海区捕来的新鲜下杂鱼、虾洗净，去掉鱼头鱼尾和主要骨骼，将鱼肉在绞肉机中绞碎，拌入少量的鳗鱼粉，即可使用。鱼苗下池后，即可喂鱼浆。开始时，选择石斑鱼喜欢聚集的池角或池边作为投饵点，投饲前轻轻搅动池水，泼下少量鱼浆，引诱石斑鱼进食，根据鱼群集中程度，决定投饲的快慢。当鱼群形成习惯后，就在相对固定的位置投喂饲料。

投喂的次数与鱼苗大小相关。2.5~3 cm时，每天投喂4次；4~6 cm时，每天投喂3次；6~10 cm时，每天投喂两次。

当石斑鱼长到4 cm以上，新鲜的下杂鱼可使用刀砍碎，要求碎鱼肉的颗粒小于鱼的口径，以便吞食。总之，随着鱼的长大，颗粒也应大些。

随着技术的进步，已经有适合石斑鱼生长的全人工配合饲料。石斑鱼长到3 cm即可开始使用人工配合饲料投喂，鱼种培育选择浮性颗粒料为好，要求颗粒大小与鱼种口径相适应。

（四）日常管理

1. 水质管理

石斑鱼鱼苗培育的水质，一般保持在透明度30~35 cm，绿色。透明度的调节以施肥和换水来完成。鱼苗刚下池时有可能肥分不足，为促使各种饵料生物的生长，需要适当补充肥分，可用无机肥，也可用发酵过的有机肥。育苗后期由于残饵和粪便的积累，多数情况是水质过肥，需要通过换水调节水质。一般每星期换水1次，每次20 cm左右。如水实在是太肥的话，4~5 d也可以进行换水，换水量可大些。

2. 筛苗饲养

石斑鱼在池塘培育中，由于个体差异，生长快慢相差很多，培育到20~30 d要起捕 1 次，将大小不均匀的鱼苗分开，分池培育，以免大吃小，以提高培育的成活率。筛选方法可参考水泥池标粗的方法。

3. 巡塘

坚持每天早、中、晚巡塘，观察鱼群的活动和水质变化情况。根据观察结果和当天的天气状况，灵活掌握投饵、施肥、换水等；根据鱼的生长情况，决定分池、出售；发现病害及时采取措施等。

三、池塘网箱培育

在池塘挂上网箱用于培育石斑鱼鱼苗，便于观察鱼苗摄食、生长和活动状况，出现问题方便处理，也能取得较好的培育效果。下面以实例说明培育方法。

（1）池塘面积 4~5 亩，水深 1.5 m 以上。将规格为 120 cm×80 cm×60 cm 小网箱在池塘边分列设置，将其固定。每只网箱内设 1 只充气石，不间断充气。网箱上方设遮阳网，防止阳光直射。遮阳网上挂一些照明灯，以便夜间操作。备有 1 块或两块泡沫板，供人员操作时不做工作小船使用。池塘两个对角各设 1 台增氧机，必要时开动增氧机可使池塘形成环形水流。

（2）池塘消毒、进水后，培育水质 5~7 d，至池中呈现藻色，即可挂上网箱，投入鱼苗。鱼苗放养前，应进行鱼体消毒处理。

（3）网箱放苗密度：2.8~3 cm 鱼苗，培育密度为 3 000 尾/箱；3~4 cm 鱼苗 1 500~2 000 尾/箱。4~5 cm 鱼苗 1 000~1 500 尾/箱；5~6 cm 鱼苗 500~600 尾/箱；7~8 cm 鱼苗 300 尾/箱。

（4）以投喂鱼浆为主。鱼苗在 5 cm 以前，建议每天投喂 6 次，8:00、10:00、15:00、17:00、21:00、23:00 各投喂 1 次。鱼苗长大后每天投喂 4 次，晚上不喂。随着鱼苗长大，改喂碎鱼肉，颗粒大小适合鱼摄食即可。

（5）保持池塘水体的透明度在 35 cm 左右。

（6）掌握鱼苗摄食和生长情况，定期检查鱼苗的健康状况，发现问题及时采取措施。鱼苗在生长过程中，会出现生长快慢不匀的情况，也需要定期筛苗分规格培育。

第六章　成鱼养殖技术

第一节　成鱼养殖概述

成鱼养殖又称商品鱼养殖或养成，是通过一系列的技术措施，把鱼养殖到商品规格，以供应国内外市场，满足消费者的需求。在成鱼养殖过程中，除应注意成活率外，还要考虑鱼的增重率与经济效益，一切相关的养殖技术措施都要为提高鱼的存活率、加速鱼类的生长、降低成本和提高效益服务。本章所介绍的是深海网箱成鱼养殖技术。

一、养殖方式

（一）单养

网箱中只养殖一种鱼类的养殖方式称之为单养，深海网箱养鱼的方式中以单养最为常见。生产中管理、投饲等作业只根据单养鱼类的生物特性确定，不仅管理比较方便，鱼类生长规格整齐，产量亦较高。

（二）混养

网箱中养殖两种及两种以上鱼类的养殖方式称之为混养，通常是以一种鱼为主养品种，搭配少量其他的鱼。混养可充分利用网箱的空间和饲料等生态条件，发挥网箱养鱼潜力，搭养的种类多数为杂食性或刮食性鱼类，能利用主养鱼吃剩下的饲料残渣和网箱上附着生物，既能充分利用饲料，又能起到清理网箱的作用。对搭养对象的饲养管理一般不需要特别考虑。

海水网箱养鱼，国内多采用黑鲷、蓝子鱼、鲈鱼与石斑鱼的混养搭配种类，可充分利用水域中的天然饲料及主养鱼类的残饲，提高饲料利用率，改善海域环境，增加网箱产量并有较好的生态经济效果。另外，某些种类的混养可起到意想不到的效果，如石斑鱼网箱中混养真鲷（1 尾/m^3）或黑鲷等，可带动生性不主动摄食的石斑鱼摄食，又能吃掉网壁上的其他附着物，可在不增加投饲的情况下提高产量；

在肉食性鱼类的网箱中混养适量藻食性蓝子鱼，可避免底栖藻类阻塞网眼。

二、苗种质量

放养优质苗种是养殖成功的关键，应选择适宜当地海域生态环境的鱼类品种，并选择种质优良、体质健壮、无畸形、鱼体鳞片完整无损、体表与鱼鳃内部无任何病害和寄生虫感染、规格整齐的苗种。特别是外购的苗种应经检疫合格。详见第五章苗种培育技术的相关内容。

三、放养规格

养殖鱼种放养规格与商品鱼的规格、产量及效益密切相关。深海网箱由于体积大，养殖质量高，换网、倒箱等操作难度较大，而且深海网箱养殖受流速、风浪的限制，放养鱼种规格要大。这样可以提高绝对增肉率，加快生长速度，缩短养殖周期，提高养殖效率。大规格鱼种，一般是指个体重量：军曹鱼大于 500 g，卵形鲳鲹约 25 g，石斑鱼约 150 g，红鳍笛鲷约 150 g。

四、放养密度

确定网箱放养密度要以网箱产鱼能力、产鱼规格为依据，结合本单位的技术水平和经济效益分析，选择合理的放养密度。所谓合理的放养密度是指在一定的水域条件下，放养鱼的个体数量与生物量既不影响个体增量，又能取得较高的鱼产量和经济效益的放养密度。

由于各养殖区具体的理化环境、水域中的饲料丰歉、鱼群生物学特性、网箱结构及饲料管理方式等不同，放养密度即使在同一水域的不同位置也有所差别，应结合海区水质、水流、溶氧量状况、网箱结构、设置位置、饲料种类和加工技术等进行综合考虑。放养密度一般在放养的初期为每立方米数千克，到养成商品鱼的最终单产可达每立方米十几千克。如单养军曹鱼，鱼种规格 500 g 左右，养成前期的放养密度为 5~10 尾/m^3，收成时的最终养殖密度为 2~3 尾/m^3，养殖单产为 15~20 kg/m^3。

五、鱼种放养

（一）放养

当深海网箱养殖海区确定以后，即鱼种入箱之前 1~2 d，提前准备好网箱等待放养鱼种。鱼种的放养应选择潮流平缓时放养。当鱼种运输抵达目的地后，按预定的放养数量和不同规格的鱼种分别放入各个网箱，并做好记录。分别放入网箱后，通常 2~3 d 才能适应网箱的养殖环境，开口摄食。

（二）放养注意事项

（1）鱼种进箱前，若水温、盐度相差太大，应通过逐渐过渡，使其与养殖区水温和盐度基本一致时，才可进箱。

（2）鱼种在入箱、分箱和过箱操作时要小心，以免损伤鱼体，搬运工具应用柔软的网具，操作时，离水时间不能过长，最好做到不离水。

（3）鱼种购进后，必须依鱼体的大小及质量的好坏认真分类，应将残伤及体形瘦弱的鱼种挑出单独养殖。

六、投饲技术

优质的饲料是网箱养鱼最重要的物质基础，饲料投喂是网箱养鱼中的一大关键环节。深海网箱养鱼生产中饲料成本约占总成本的 60%，所以正确使用饲料是提高网箱养鱼综合效益的重要措施。然而，一些鱼类养殖者由于不能正确掌握投喂饲料的数量，不懂得识别养殖鱼类的饥饱，不讲究投喂方法，导致单产低，病害多，经济效益差。因此，正确掌握投饲技术才能获得期望的效果，包括鱼的生长速度、饲料的转换率、饲料系数以及最终的产量与经济效益。

（一）选用适口饲料

饲料颗粒的大小和形态及营养配置须与所养殖的鱼类相适应。投喂鱼类摄食的饲料大小，不论新鲜饲料还是配合饲料，必须根据鱼类的摄食习性及鱼种的规格大小来决定。大规格鱼尽量不用小型饲料投喂，以免影响其适口性及食欲，并造成饲料浪费。至于主要养殖鱼类的鱼种规格与饲料颗粒大小具体数据详见本章第二节的养成技术要点。

（二）投饲量的确定

首要的是科学确定投饲量，投饲量既要保证鱼类最大生长的营养需要，又不能过量投喂，以免造成饲料浪费与污染养殖水环境。过量投喂不仅增加生产成本，还易引发鱼病。如卵形鲳鲹特别贪食，即使已达饱食程度，还能继续吞食，结果会造成消化不良，引发疾病。

投饲量的确定要考虑鱼类对饲料摄食习性与方式、消化道结构、鱼体大小、水温、水质、溶氧量、饲料质量和投饲方式及投喂次数等，并根据当时的实际情况，灵活掌握。应强调的是，养殖密度过高，水体溶氧量不足，会大大增加饲料系数，降低养殖效益。在生产中应当根据鱼类的生长经常调整日投饲量，才能保证获得较好的产量，一般可以 10 d 为一阶段进行调整。根据日投饲量和投饲次数确定每天的投饲量，也可以根据鱼的摄食状况确定每次的投饲量。投饲率根据养殖鱼生长发育阶段的不同、水温的不同、溶氧量的不同而不同。如卵形鲳鲹、军曹鱼等速长型鱼类投饲率高，石斑鱼等就较低；幼鱼阶段投饲率高，成鱼阶段投饲率低；用下杂鱼作饲料的投饲率高，用配合饲料作饲料的投饲率低；常规养殖品种的投饲率，一般饲料及投饲占鱼体重的 2%~10%。

（三）投饲次数

每日的投饲次数，对鱼类的生长和饲料的利用有明显的影响，与养殖的种类、个体的大小及水温等条件直接有关。适宜的投饲次数，可提高饲料转化率，降低饲料系数，加快鱼类生长，提高鱼产量。过多或过少的投饲次数，会使饲料系数相应增加。肉食性鱼类如石斑鱼、军曹鱼等鱼类，它们的消化器官——肠胃，比较大而长，对摄入的食物有较大的贮存能力，只有在胃内存物少于饱和量时，才能进行积极摄食，故对肉食性鱼类的投饲次数定为鱼种阶段每天 2~3 次，成鱼阶段每天 1~2 次。然而，如卵形鲳鲹等鱼类的消化器官——肠胃，较短而小，其摄食、消化、排泄是不断进行的连续过程，它们的日投饲次数必须增加，在水温高的季节里，投饲次数在 5 次/d 以上。通常，投饲次数还应随水温的升降作相应调整，4—10 月，水温上升，鱼摄食和新陈代谢旺盛，一天投喂次数多些；11 月至翌年 3 月，水温低，投喂次数少些。

（四）投喂方法

一般情况下，刚放入网箱 1~2 d 的鱼种往往沿着网箱的内壁成群结队不停地游泳或跳跃，这说明鱼群暂不适应网箱的新环境。因此，最好在放养 2~3 d 后鱼基本上适应了网箱环境，再开始投喂饲料。

饲料投喂的基本原则：小潮水、平潮、缓流时多投，大潮水时少投；透明度大时多投；风浪大、水流急、水质浑浊时适当减少投饲；如投喂膨化饲料，需用集饲装置，防止饲料被风浪、急流冲走散失；水温适宜时多投，水温不适，阴天无风，溶氧量降低时，减少投饲；一般每年 4—10 月水温升高，可多投饲；每年 11 月至翌年 3 月，水温下降，鱼群常不浮出水面时，投饲不宜过多；生长速度快的品种多投，反之少投；另外，换网当天不投饲，次日投饲量也应减少；应做到定量多次投喂，鱼上浮抢食时多投，反之少投。

在投喂方法上，应掌握“慢-快-慢”三字要领：开始少投、慢投，以诱集鱼类上游摄食；等鱼纷纷游向上层争食时，则多投快投；当部分鱼已吃饱散开时，则减慢投喂速度，以照顾弱者。投饲时要注意观察鱼的摄食情况，看是否投下的饲料绝大部分被摄食。鱼类对声音比较敏感，经过一段训练则可建立起条件反射，可在投喂的同时重复某种声音，以使其迅速上游摄食。

第二节　主要经济鱼类养成技术要点

一、军曹鱼养成技术要点

（一）放养规格

因为深海网箱养殖容量大，换网及分箱较困难，因此在军曹鱼养成过程中，应选择 500~1 000 g 的大规格鱼种进行放养。

（二）放养密度

根据鱼种的大小、海区环境及养殖技术水平等，作出综合评价。一般来讲，深海网箱养殖军曹鱼的放养密度为：规格在 500~1 000 g，每立方米水体放养 7~10 尾；规格在 1 000~2 000 g，每立方米水体放养 5~7 尾；规格在 3 000~4 000 g，每立方米水体放养 3~5 尾；规格在 4 000 g 以上，直到出售，每立方米水体放养控制在 1~2 尾。

（三）饲料与投喂

军曹鱼养成饲料有冰鲜下杂鱼、配合饲料等。养殖前期，下杂鱼须绞成适口的肉块后投喂，生长旺季日投两次，冬季一般日投 1 次，投饲量以鱼抢食停止为止。同时，要根据水温和风浪情况适当增减，投喂下杂鱼的日投饲量一般控制在鱼体重的 6%~10%，投喂配合饲料为鱼体重的 3%~6%。开始投喂时要慢，量要少，待大部分鱼上来抢食后再四周扩散快投，投喂节律为慢–快–慢，使体弱的鱼也能吃到饲料，促进鱼群均匀生长。

（四）及时筛选与分箱

军曹鱼生长速度比较快，一般正常情况下，每月净增重可高达 1 kg 左右，容易出现个体大小不均匀，为避免互相残杀，一般每 2~3 个月按规格及适宜放养密度进行筛选与分箱养殖。

二、卵形鲳鲹养成技术要点

（一）放养规格与要求

放养的鱼种规格要求在体重 25 g 以上，选择在小潮汛期间放养，网箱内水流缓慢，宜在上午 10：00 前或下午 4：00 后放入深海网箱。放养前最好用淡水配成浓度 10～20 mL/m^3 的高锰酸钾溶液对鱼体进行浸浴消毒。

（二）放养密度

放养密度为 50 尾/m^3 水体，可混养少量的蓝子鱼、鲷科鱼类等鱼种。

（三）饲料与投喂技术

1. 饲料

在网箱养殖卵形鲳鲹过程中，可全程使用人工配合饲料。卵形鲳鲹对饲料营养要求是：个体小于 250 g 的鱼，饲料中蛋白质含量要求在 42%～45%；而大于 250 g 的鱼，蛋白质含量要求在 40%～42%；而大于 600 g 的鱼，蛋白质含量要求在 39%～40%，即可满足。

2. 饲料颗粒的大小

卵形鲳鲹随着个体的生长，对食物的颗粒大小有较强的选择性，一般先抢食大的适口的饲料，后食零散的饲料。个体体重小于 50 g 时，投喂饲料的颗粒直径为 2～3 mm；体重 50～200 g，投喂饲料的颗粒直径在 4 mm 左右；体重长到 200～400 g 时，投喂饲料的颗粒直径为 5 mm；个体达到 500 g 以上，投喂饲料的颗粒直径为 6 mm；体重 800 g 以上，投喂饲料的颗粒直径为 7 mm。

3. 投喂次数

卵形鲳鲹属速长型鱼类，肠胃较短，抢食较猛，消化速度快。个体体重小于 250 g，日投喂配合饲料次数为 4～5 次，间隔 2.5～3 h 投饲 1 次；体重大于 250 g，日投饲 3～4 次，间隔 3～3.5 h 投饲 1 次。这种投饲方法的饲料转换率高，投饲效果好，鱼的生长速度快。

4. 投饲量

一般控制在七八成饱时即可。春季水温低，个体小，摄食量少，在晴天气温升高时，可投放少量的饲料。当水温逐渐上升时，投饲量可逐渐增加，每天投饲量占鱼总体重的 1%左右。夏初水温升高，每天投饲量占鱼总体重的 1%～2%，但这时也是多病季节，因此要注意适量投喂，并保证饲料适口、均匀。盛夏水温上升至

30℃以上时，鱼食欲旺盛，生长迅速，要加大投喂。日投饲量占鱼总体重的3%～4%，但需注意饲料质量并防止剩料，以免污染水质。秋季天气转凉，水温降低，鱼继续生长，日投饲量占鱼总体重的2%～3%。冬季水温持续下降，鱼摄食量日渐减小，但当晴天时，仍可少量少投，以保持鱼体的肥满度。总之，投饲量应根据水温的季节变化和鱼体的具体状况，灵活掌握。

（四）注意观察，适时筛分

投喂时注意观察鱼群的活动与摄食情况。卵形鲳鲹平时在水的中层顺网边快速游动，而发现在水面打转或沿网边慢慢游动等异常现象时，应及时把鱼捞起来检查，寻找原因，及时采取措施。水温正常时，投饲后，卵形鲳鲹都迅速浮出水面抢食，如投料时发现鱼群不浮出水面，要及时下水检查鱼群及网衣。

一般在每年5—6月投放入深海网箱养殖的鱼种，经4～5个月的养殖即可达到商品规格。当年放养当年养成上市的网箱，一般不需要作筛选与分箱处理。在每年8—9月投放入网箱的鱼种，在冬季来临前，要及时进行筛选与分箱处理，以合理养殖密度，加快生长。

三、石斑鱼养成技术要点

（一）放养季节

石斑鱼的生长期，海南一般在3—12月，从体重150 g生长到商品规格500～750 g需要8～12个月。通常在每年3—5月投放体重150～200 g的大规格鱼种到深海网箱进行养殖，到入冬前可养到500～700 g上市，或者养到第二年冬季前体重1.5 kg左右上市。

（二）鱼种规格和放养要求

石斑鱼网箱养成，一般投放体重150 g以上的大规格鱼种。通常选择在小潮汛期间放养，网箱内水流缓慢，宜在早晚放入网箱。为预防病害传染，放养前用浓度100～200 mL/m^3的福尔马林溶液浸洗3～5 min，或用浓度10～20 mL/m^3的聚维酮碘溶液进行浸浴消毒3～5 min。

（三）放养密度

投放初期的放养密度，在水温25℃的条件下，以60～70尾/m^3的体重150 g以上的大规格鱼种为好。养殖到体重达到400 g左右，进行过筛分箱，放养密度为20～30尾/m^3，直到养成个体体重500～700 g商品鱼。抗风浪网箱养殖石斑鱼的放养密度与养殖海区环境和鱼种的大小有关，在水流畅通的海区放养密度可以适当大一些。

（四）饲料与投饲技术

石斑鱼属肉食性，目前海南网箱养殖以投喂鲜度较高的经过切鱼机切碎的下杂鱼为主。然而，以下杂鱼为饲料弊病多，随着石斑鱼深海网箱养殖的发展，推广人工配合饲料喂养石斑鱼势在必行。

投饲次数，在水温25℃上下时一般早晚各1次，当水温低于20℃时，每日投喂1次即可，日投饲量一般为体重的3%～5%。投饲量和投饲次数依鱼的生长情况、天气、水质等灵活掌握。一般遵循如下原则：刚放入网箱的鱼种最初1～2 d可不投喂；小潮水时多投，大潮水时少投；缓流时多投，急流时少投；水温适宜时多投，水温太高或太低时少投或不投；透明度大时多投，反之少投；天气晴朗时多投，阴雨天时少投；生长快时多投，反之少投。一般以鱼类吃到八成饱为宜，喂得过饱反而会影响食欲，降低饲料率。石斑鱼有不吃沉底饲料的习性，而鲷科鱼类见饲即抢食，食性也较杂。所以，在养殖石斑鱼时，混养少量鲷科鱼类和杂食性鱼类，如笛鲷和蓝子鱼等，既可以带动石斑鱼摄食，又可起到“清道夫”的作用，将箱底的饲料吃掉并清理附着在网箱上的污损生物，以充分利用水体空间和饲料资源。

四、红鳍笛鲷养成技术要点

（一）养殖季节

红鳍笛鲷是广温性鱼类，生存水温范围为8～33℃，最适宜生长水温为25～30℃，所以，每年于4—11月是红鳍笛鲷生长速度最快的季节。近年来的养殖实践说明，水温在20℃以下时生长缓慢，水温在25～30℃时，体重250～350 g的幼鱼，每个月平均可增长100 g以上，350 g以上的幼鱼，每个月平均能增长150 g以上。

（二）放养规格与密度

红鳍笛鲷在深海网箱放养规格为150 g以上，放养密度为30～35尾/m^3；放养规格为500 g左右，放养密度为20～25尾/m^3。一般大规格鱼种放养量控制在4～10 kg/m^3，放养初期控制在4～5 kg/m^3为宜。

投放鱼种宜选择在潮汛期间，以低平潮、流缓时为宜；低温季节选择在晴好天气且无风的午后，高温季节宜选择天气阴凉的早晚进行。放养前鱼种要用浓度10～20 mL/m^3的聚维酮碘溶液进行浸浴消毒3～5 min。

（三）饲料投喂

红鳍笛鲷鱼种入箱后第二天即可投饲，前几天鱼的摄食量较少，1周后才能适应网箱环境。正常摄食后，每日投喂3~4次，如投喂下杂鱼，每日投饲量按鱼体重的8%~10%；如投喂配合饲料，每日投饲量按鱼体重的3%~6%。因红鳍笛鲷的摄食量大，每次投喂的时间需长一些，一般投喂的时间应控制在30 min以上，应掌握慢-快-慢的投喂要领。

（四）筛选与分箱处理

同一网箱的鱼，经过一段时间饲养后，由于个体间生长性能的差异，会出现大小不一致的情况。如不及时筛分，会出现大鱼越长越大，而小鱼与大鱼的差距也越来越大，会出现大鱼压倒小鱼的现象。所以，要及时筛选和分箱处理，一般每1~2个月的时间，在更换网囊清除污损生物的同时，进行筛选与分箱处理，按鱼体大小、强弱分开饲养，有利于红鳍笛鲷的生长。

第三节　卵形鲳鲹饥饿补偿投喂

关于鱼类的补偿生长，国内外已有较多的报道，已有研究者将此应用到生产中从而节约饵料和劳动力，降低了养殖成本。卵形鲳鲹属鲈形目（Perciformes）、鲹科（Carangidae），鲳鲹属（*Trachinotus*），为暖水性洄游鱼类，主要分布于温带和热带海域。由于其生长速度快，肉质鲜美，目前已成为华南地区深水网箱的主要养殖鱼类，2010年海南地区约90%的深水网箱养殖卵形鲳鲹。

有关饥饿对卵形鲳鲹仔鱼和幼鱼影响的研究已有一些报道，如许晓娟等研究了延迟投饵对卵形鲳鲹早期仔鱼阶段的摄食、成活及生长的影响；苏慧等研究了饥饿对卵形鲳鲹幼鱼不同组织抗氧化能力和钠钾ATP酶活力；区又君等研究了饥饿胁迫对卵形鲳鲹幼鱼消化器官组织学的影响；黄建盛等研究了饥饿与补偿生长对卵形鲳鲹幼鱼能量收支及消化酶活性的影响等。但有关卵形鲳鲹幼鱼补偿生长类型以及网箱养殖中的应用研究仍较少，因此本节主要针对卵形鲳鲹幼鱼在饥饿和恢复生长后的摄食和生长情况，确定其补偿生长类型，并测定鱼体生化组成变化，探讨其补偿生长机制，为将来选择合适的“饥饿-再投喂”模式并应用于网箱养殖中奠定理论基础，从而为卵形鲳鲹网箱养殖高效投饲提供技术支持。

一、材料与方法

（一）材料

实验的卵形鲳鲹幼鱼取自海南海研热带海水鱼类良种场，第一次实验在海南省水产研究所科研基地室外水泥池进行，卵形鲳鲹幼鱼体重为（1.83 ±0.48）g。第二次实验在海南临高后水湾近海网箱养殖区内进行，体重为（2.87 ±0.51）g。所用饲料为海水鱼浮性膨化料，饲料主要成分为：水分 11.0%，粗蛋白 42.0%，赖氨酸 2.0%，粗脂肪 5.0%，粗纤维 3.0%，粗灰分 16%，钙 1.5%~4.5%，总磷 1.0%~2.0%，食盐 4.0%。

（二）实验方法

将实验鱼先在水泥池驯养 1 周。驯养期间，使用经砂滤的三级过滤海水，水温（28±1）℃，溶解氧大于 5 mg/L，盐度为 31，pH 值 7.9。每天两次（7:30、17:00）饱食投喂，投喂 30 min 后收集残饵，烘干并记录残饵量。第一次实验在室外水泥池放置的 1.2 m×0.8 m×0.5 m 小网箱内进行。第二次实验在临高后水湾 3 m×3 m×3 m 网箱内进行，水温（27±1）℃，盐度为 33，日常饲养管理方法同上。

第一次实验设饥饿 1 d、2 d、5 d 和 7 d 共 4 个处理组以及 1 个对照组，每组 3 个重复，每个重复放 80 尾鱼。饥饿处理组饥饿后恢复投喂至实验结束，对照组从 0 d 起持续喂食，实验共进行 30 d。在饥饿结束以及恢复喂食后的第 15 天、第 30 天，从每箱中随机取 10 尾鱼，测量全长、体重，称重前一次不投饵。在饥饿处理组饥饿结束和第 30 天实验结束时，分别取 5 尾鱼留作生化组成分析。采用 105℃下烘干至恒重，计算前后的重量差测得鱼体水分含量；采用凯氏定氮法和索氏抽提法分别测得粗蛋白含量和粗脂肪含量；灰分含量则采用 550℃灼烧法测得。

第二次实验设饥饿 1 d、2 d 两个饥饿处理组和 1 个对照组，放养密度为 150 尾/m^3，饲养管理方法同上，实验总计 30 d，在实验开始后的第 15 天和第 30 天，每个实验组随机取 10 尾鱼，测量全长和体重。

（三）计算公式

$$K = 100 \times (W_0 - W_1)/W_0$$

$$S_{GR} = 100 \times (\ln W_2 - \ln W_1)/t$$

$$F_R = 100 \times C/[t \times (W_2 + W_1)/2]$$

$$F_{CE} = 100 \times (W_2 - W_1)/C$$

式中，K：体重损失率；S_{GR}：特定生长率；F_R：摄食率；F_{CE}：饲料转化效率；W_0：

饥饿处理开始时鱼体湿重；W_1：饥饿处理结束时鱼体湿重；W_2：恢复生长结束时鱼体湿重；C：总摄食量；t：恢复投喂时间。

（四）数据分析

数据统计分析采用 SPSS 16.0，对各组数据进行单因素方差分析，并用 Duncan 氏法作多重比较。

二、实验结果

（一）卵形鲳鲹饥饿过程中及恢复生长后的体重变化

如表 6-1 所示，在第一次实验中，随着饥饿时间的增加，卵形鲳鲹幼鱼体重不断下降，饥饿 1 d、2 d、5 d 和 7 d 组在饥饿结束后幼鱼湿重分别减少 5.51%、13.86%、20.73%和 29.52%；对饥饿结束后体重的方差分析表明，饥饿 1 d 组和2 d 组与对照组间差异不显著，5 d 组和 7 d 组与对照组之间存在显著差异（$p<0.05$）。经过恢复投喂，各组鱼体重都有提高，在第 15 天时，饥饿 1 d 组和 2 d 组平均体重略高于对照组，5 d 组和 7 d 组与对照组之间存在显著差异（$p<0.05$）。在实验结束时，对照组体重平均增加 7.53 g；体重增加最多的是饥饿 2 d 组，达 8.92 g，平均体重超过对照组，但并不显著；饥饿 5 d 组和 7 d 组的鱼在相同时间内体重增加量小于对照组，其中饥饿 5 d 组与对照组无显著差异，饥饿 7 d 组差异较显著（$p<0.05$）。

表 6-1　卵形鲳鲹在饥饿过程中及恢复生长后的体重变化

	饥饿天数	饥饿前体重 /（g·尾$^{-1}$）	饥饿后体重 /（g·尾$^{-1}$）	第 15 天后体重 /（g·尾$^{-1}$）	第 30 天后体重 /（g·尾$^{-1}$）	体重损失率/%
第一次实验	0	1.83 ±0.48	1.83 ±0.48	4.15 ±0.91	9.36 ±1.23	0
	1		1.73 ±0.25	4.40 ±0.82	10.19 ±1.78	5.51
	2		1.58 ±0.16	4.89 ±1.23	10.49 ±1.96	13.86
	5		1.45 ±0.31 *	2.97 ±0.54 *	9.02 ±1.75	20.73
	7		1.29 ±0.32 *	2.77 ±0.43 *	7.56 ±1.87	29.52
第二次实验	0	2.87 ±0.51		6.14 ±0.87	14.23 ±1.24	
	1			6.23 ±0.91	14.31 ±1.56	
	2			6.32 ±0.89	15.59 ±1.63	

注：* 表示与对照组差异显著（$p<0.05$）。

在获得第一次实验数据的基础上我们在后水湾养殖网箱开展了第二次实验。第二次实验结果表明饥饿 1 d 组和 2 d 组鱼体重略高于对照组，但方差分析结果差异不显著（$p>0.05$）。

（二）总摄食量、饲料转换效率和摄食率

经测定和计算得出第一次实验各组鱼的总摄食量、饲料转换效率和摄食率（表6-2），总摄食量随着饥饿时间的增加而减少，以对照组最高；饥饿处理组的饲料转换效率均显著高于对照组（$p<0.05$），随饥饿时间的增加而增大，且与对照组差异显著（$p<0.05$）；随着饥饿时间的延长，摄食率也随着增加，饥饿 1 d 组和 2 d 组摄食率略低于对照组。

表 6-2　卵形鲳鲹在恢复生长中的总摄食量、饲料转化效率和摄食率

饥饿处理时间/d		0	1	2	5	7
总摄食量/g		958. 00 ±14. 7	927. 32 ±15. 1	908. 24 ±13. 2	745. 2 ±17. 7	654. 16 ±18. 1
饲料转化效率/%		62. 8 ±0. 59	76. 6 ±0. 52*	75. 8 ±0. 67*	81. 2 ±0. 73*	76. 6 ±0. 56*
摄食率/%	饥饿结束至第 15 天	8. 65 ±0. 87	7. 97 ±1. 23	8. 07 ±1. 09	10. 14 ±1. 43	11. 92 ±1. 53
	第 15～30 天	7. 98 ±0. 97	7. 14 ±0. 89	7. 24 ±0. 98	8. 12 ±1. 24	8. 38 ±1. 57

注：* 表示与对照组差异显著（$p<0.05$）。

（三）特定生长率

第一次实验各组卵形鲳鲹幼鱼的特定生长率见图 6-1，在饥饿结束至实验第 15 天，饥饿处理组特定生长率均高于对照组；在第 15～30 天，饥饿 5 d 组变化不大，其他处理组特定生长率均有所下降；在整个恢复投喂实验过程中，随着饥饿时间的延长特定生长率也随着增加。

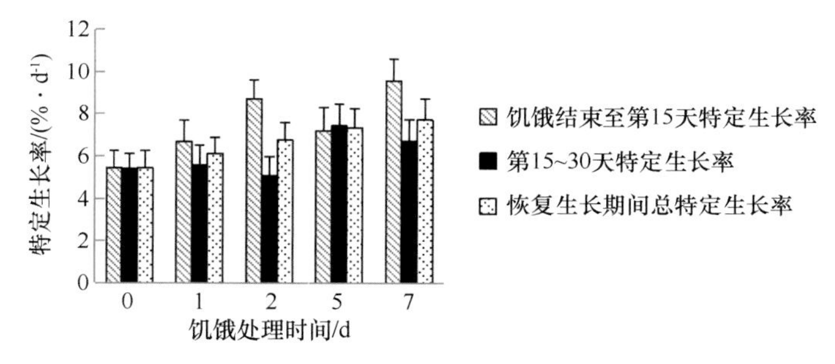

图 6-1　实验过程中卵形鲳鲹特定生长率的变化

（四）卵形鲳鲹饥饿过程中及恢复生长后鱼体的生化组成的变化

随着饥饿时间的延长，饥饿处理后鱼体的水分含量明显增加。鱼体粗蛋白和粗脂肪含量饥饿后均下降，但粗脂肪的相对损失率大于粗蛋白的相对损失率；灰分含量略有升高。各饥饿组在恢复投喂至实验结束时各组分又恢复到接近对照组水平（图 6-2）。

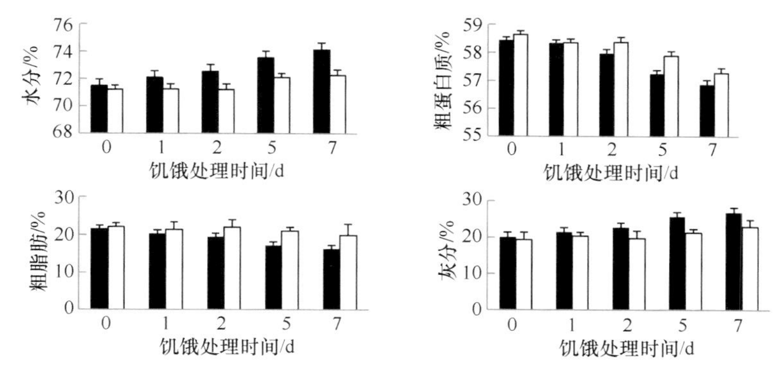

图 6-2 卵形鲳鲹在饥饿后（黑色）及恢复投喂后（白色）身体组成的变化

三、实验分析

一般来说，补偿生长按补偿量的程度可分为 3 类：超补偿、完全补偿和部分补偿。苏慧等在研究饥饿对卵形鲳鲹幼鱼存活影响时发现第 8 天是卵形鲳鲹幼鱼饥饿致死的临界期。因此，本节选择在对鱼体造成不可逆转的饥饿损伤之前开展补偿生长研究。通过对卵形鲳鲹幼鱼的饥饿和补偿生长实验研究发现，短期的饥饿（1 d 和 2 d）卵形鲳鲹表现出完全补偿生长能力。而对于饥饿 5 d 和 7 d 由于饥饿时间过长，经过 20 余天的恢复生长仍没有赶上对照组，但其饲料转化效率、摄食率及生长率均高于对照组，为部分补偿生长，也表明了限食程度决定了鱼类补偿的实现程度，这与 BILTON 结论一致。饥饿组的特定生长率经历了一个先上升再恢复到对照组水平的过程，说明其补偿效应可能只产生于一定时段，这与谢小军（1998）的研究结果一致。本节前期在水泥池短期饥饿实验的数据，进一步在近海网箱实验中得到验证，因此有望在卵形鲳鲹幼鱼这一生长阶段应用“饥饿-再投喂”模式，达到节省饲料节约劳动力的效果。但鱼类的补偿生长仍受体重、限食程度、恢复生长时间、营养物质性质以及性成熟程度等因素影响。因此下一步对于卵形鲳鲹生长其他阶段的补偿生长仍需进一步研究。

鱼类出现补偿生长现象主要是由于鱼类在面对自然条件饥饿等营养限制体内脂肪或蛋白质等贮能物质被大量消耗后所采用的一种生理调节策略。通常在短期饥饿期间鱼类主要利用脂肪作为能量代谢物质，从而引起鱼体脂肪含量下降引发补偿生长，如黑鲷在饥饿期间主要利用脂肪和糖元，眼斑拟石首鱼在饥饿过程中主要是消耗脂肪作为身体能量的来源。但也有研究者发现，有的鱼类在饥饿期间主要消耗的能源物质为蛋白质，如千年笛鲷幼鱼在饥饿过程中主要依靠消耗蛋白质作为能量来源，这说明不同鱼对贮能物质的利用，也不尽相同。本实验中卵形鲳鲹在饥饿后能量物质的变化结果说明卵形鲳鲹在饥饿过程中可能主要消耗脂肪来作为能量的供应。同时生化分析的结果还表明，经过补偿生长后卵形鲳鲹幼鱼鱼体的各生化组成成分均能在短期内恢复到对照组水平，这也说明短期的饥饿不会影响幼鱼的鱼体营养组成。

对补偿生长的机制，目前主要存在 3 种不同的观点。①饥饿影响鱼的生理机能，鱼在饥饿状态下，机体通过降低代谢水平来适应这种饥饿胁迫，以延长生命，当恢复进食时，饥饿时较低代谢水平还不能立即恢复到饥饿前状态，这样更多的能量用于生长，从而提高食物转化率，出现补偿生长。如眼斑拟石首鱼的补偿生长效应主要是由降低标准代谢率和提高食物转化率实现的。②饥饿后恢复喂食，代谢水平没有降低反而是升高，鱼的摄食率增加而食物转化率并没有明显提高，即补偿生长的产生主要是通过提高摄食水平实现的。如北极红点鲑在限食 8 周后恢复给食时，摄食率显著升高而转化率与对照组无明显差异；邓利等（1999）也报道了饥饿 50 d 的南方鲇恢复喂食后摄食水平显著升高，并出现补偿生长。③认为鱼类补偿生长应是食物转化效率和摄食水平这两种因素共同作用的结果，即饥饿后恢复喂食，食物转化效率和摄食水平均有提高。实验中，卵形鲳鲹饥饿处理组鱼的总摄食量以对照组最高，其余各组随饥饿时间的增加而减少，摄食率也无明显差别，说明卵形鲳鲹的补偿生长不是主要通过提高摄食量来实现的；而饥饿组饲料转化效率明显高于对照组，表明补偿生长可能主要是通过提高饲料转化率来实现的，这与眼斑拟石首鱼的研究一致。有研究表明，饥饿胁迫下卵形鲳鲹幼鱼蛋白酶的酶活力在饥饿初期（0~6 d）持续升高。在恢复生长过程中，卵形鲳鲹幼鱼短期饥饿组均表现为完全补偿生长，其饲料转化效率明显高于对照组，可能是由于幼鱼消化酶的酶活力提高从而食物的消化吸收率得到增强所致。在饥饿处理组鱼的摄食量略减少的情况下而达到的补偿生长，同卵形鲳鲹养殖生产中限量投喂可以达到较好的养殖收益是相符的，但补偿生长的机制需进一步深入研究。

第四节　成鱼养殖主要病害防治

深海网箱养殖由于养殖环境相对较好，鱼病发生率较低，但深海网箱养殖病害是难以回避的，养殖鱼类病害的发生是病原体、鱼体与养殖环境共同作用的结果。由于深海网箱养殖水体大，一般都在 500 m^3 以上，网囊高达 6 m 以上，鱼类养殖密度高，每箱鱼重有 10 余吨，因此对深海网箱养殖鱼类的病害治疗难度相当大，一旦发病，几乎没有有效的治疗手段。所以，深海网箱养殖的病害，仍然是坚持“以防为主，防治结合”的方针，从控制和消灭病原体，改善和优化养殖环境，提高养殖鱼类的免疫力和抵抗力3个方面着手，提倡健康养殖技术。

一、病害防治措施

（一）苗种消毒和免疫处理

应严格选择健壮、无病无伤、“顶水”能力强的苗种，拒绝不健康和有病苗种。如果条件允许，要开展苗种的选育工作，进行抗逆育种。由于目前苗种的检疫防疫制度尚不完善，所以苗种进网箱前还应该进行消毒和免疫等处理，这样可有效预防疾病的产生。苗种消毒可采用聚维酮碘浓度50 g/m^3，或高锰酸钾浓度10~20 g/m^3，或漂白粉浓度10~20 g/m^3 的水体，给苗种药浴10~30 min。

（二）投喂优质饲料

海水鱼类网箱养殖使用的饲料，目前多数为鲜活或冰冻下杂鱼，这种饲料不仅夹杂有多种病原体，并且营养不完全合理，资源的浪费严重，对环境污染大，提倡使用营养全面的配合饲料，尽量不用各种鲜活下杂鱼或冰冻下杂鱼。

（三）定期采取预防措施

根据网箱养鱼发病季节和规律，定期进行寄生虫病和细菌病的预防用药，通常每月1~2次，每次3~5 d，以寄生虫病以外用药为主，细菌病以内服药为主。但严禁使用国家违禁药物，不能滥用药物，如抗生素，虽然具有防病治病的作用，但经常使用就可能使病原菌产生抗药性和污染环境，所以，要在正确诊断的基础上对症下药。

（四）加强日常管理和谨慎操作

按生产管理的常规，定期观察养殖鱼类摄食和活动情况，以便及时采取措施加以改善；经常更换网箱，清除污损生物，保持水流畅通，保证充足的溶氧量；流行病季节和高、低温时节，应尽量不惊扰养殖鱼类。平日管理操作（如更换网衣、鱼体药浴等）应细心、谨慎，避免鱼类受伤而感染病原，具体的管理措施详见第八章网箱养鱼的经营管理。

二、鱼病的常规检查与诊断方法

网箱养鱼中，可注意观察鱼类的活动状况和病变症状来判断有无发病。

（一）鱼的活动情况

正常鱼游动活泼、反应灵敏，发病鱼往往是离群独游，在水面或水层打转，乱游，无定向，活力差，反应迟钝，或在池边、网衣上不断乱窜、摩擦等。

（二）摄食和生长

健康个体投饲时反应敏捷、活跃，抢食能力强，发病群体则摄食减少，身体消瘦，生长缓慢。

（三）鱼体外部症状观察

可按顺序从头部、嘴、眼睛、鳃盖、鳍、体表等仔细观察，检查是否有大型病原体（如霉菌、线虫、吸虫、鲺等）寄生在体表，同时注意观察皮肤、鳍、肛门等处有无充血、突出、炎症和溃疡。

（四）鱼体解剖病变观察

重点观察鳃丝，观察鳃片颜色是否正常，黏液是否增多，鳃丝末端是否肿大或腐烂，把鳃丝剪下在显微镜下观察，发现是否有寄生虫寄生。接着，用解剖剪从肛门外向前剪开，先观察体内是否有吸虫、线虫等大型寄生虫，再观察肝、胆、脾、肾及肠道，如只有肠道充血发红、腹部积水、肠内无食物且内含淡黄色黏液，则可能为肠炎病等，确诊需进行细菌分离、鉴定和感染试验。

三、网箱养鱼常见病害的防治

（一）淋巴囊肿病

（1）病原：鱼淋巴囊肿病毒（*Lymphocysticvirusoffish*），从不同病鱼获得的毒株可能有几个型。

（2）临诊症状：军曹鱼常发现此病，病鱼吻端、眼眶周围、鳍、尾部及体表等处出现许多小泡状囊肿物，似乳头状肿瘤，有的紧密相连成桑椹状；病灶呈白色、淡灰色、灰黄色或微红色；严重患鱼可遍及全身，包括内脏组织器官。

（3）发病规律：流行高峰期为10月至翌年5月，发病水温10～22℃，高密度网箱养殖，感染率达90%以上，主要危害1龄鱼，在苗种期若有细菌并发感染，死亡率可达30%。

（4）预防：鱼种放养前，先以浓度50 g/m^{3}的聚维酮碘药浴5～10 min。

（5）治疗：发现有病鱼网箱，实施隔离养殖并及时捞出病鱼，用浓度50 g/m^{3}的过氧化氢溶液（双氧水）浸洗1～2 h。

（二）出血病

（1）病原：虹彩病毒（*Iridovirus*）。

（2）临诊症状：石斑鱼、眼斑拟石首鱼等病鱼鳍基部和体表充血、出血，有的腹部膨胀，内有腹水，消化道内无食物，肠道发炎充血，肝、脾肿大。

（3）发病规律：水温 18~26℃时可出现高峰，死亡率达 50%以上，高密度养殖和幼鱼阶段病情较重，多为急性型。

（4）防治：预防同淋巴囊肿病，目前尚无有效的治疗方法，应以预防为主，加强饲养管理，并防继发性细菌病。

（三）弧菌病

（1）病原：常见的有鳗弧菌（*Vibrio anguillarum*）、溶藻弧菌（*V. alginolyticus*）、海弧菌（*V. pelagius*）、副溶血弧菌（*V. parahaemolyticus*）、创伤弧菌（*V. vulnifius*）、河弧菌（*V. fluvialis*）、哈维氏弧菌（*V. harvey*）7 种。

（2）临诊症状：早期体表局部褪色，继而各鳍基部、鳍膜、躯干部发红或有斑点状出血，随着病情的发展，病灶组织浸润呈出血性溃疡。头部充血、出血，眼球突出，鳃呈贫血状；或肠道发炎充血，肛门红肿，有黄色黏液流出；或腹部膨胀，内有腹水等。

（3）发病规律：弧菌病是目前网箱养殖鱼类最常见的细菌性疾病，以继发性感染为多。流行季节长，在人工繁殖、苗种培育、成鱼养殖等整个养殖阶段，常连贯出现。在养殖密度过高、投喂鲜活下杂鱼、残饲粪便多、水质差、野蛮操作的条件下，易诱发感染和加重病情。

（4）预防：养殖密度不宜过大，不投喂腐败变质饲料，保持优良的水质，发现病鱼、死鱼时，不要乱用或滥用药物，特别是抗生素，应分析病因，对症下药。

（5）治疗：氟哌酸药饲，30~50 mg/kg（体重），连喂 5~7 d，休药期 21 d；大黄、黄芩、黄柏（5∶2∶3）药饲，10 g/kg（体重），连喂 4~6 d；网箱周围挂含氯制剂等消毒剂 1~2 次，第二次用药需间隔 24~48 h。

（四）假单胞菌病

（1）病原：荧光假单胞菌（*Pseudomonas fluorescens*）和恶臭假单胞菌（*P. putida*）。

（2）临诊症状：感染初期体表局部及鳍发红、出血，随着病情的发展，病灶处出现溃疡；病患严重的鱼口唇部、鳃盖、腹部及尾柄溃疡，有的尾鳍坏死，出现烂尾；肠道内充满淡土黄色，但直肠部为白色腐烂状黏液；肝脏暗红色或淡黄色，幽门垂出血；有时有腹腔积水出现。

（3）发病规律：此病多见于春季水温上升期，直至夏、秋季。养殖密度过高、有机质含量偏高的水体易发病。

（4）预防：同弧菌病前 3 点方法。

（5）治疗：氟苯尼考药饲，10～20 mg/kg（体重），连续投喂 7～10 d，休药期 14 d。

（五）爱德华氏菌病

（1）病原：迟钝爱德华氏菌（*Edwardsiella tarda*）。

（2）临诊症状：感染初期症状不明显，随后大多数病鱼腹部膨胀，腹腔内有腹水，肠道发炎，肝、脾、肾肿大并出现许多小白点，体表皮肤出血溃疡。

（3）发病规律：流行于夏、秋季节，主要危害鱼种和幼鱼，死亡率可达 30%以上，个体体重 200 g 以上的鱼，发病较少，投喂变质下杂鱼，感染率高。

（4）预防：参考弧菌病。

（5）治疗：氟苯尼考药饲，10～20 mg/kg（体重），连续投喂 7～10 d，休药期 14 d；氟哌酸药饲，100 mg/kg（体重），连续投喂 3～5 d，休药期 21 d。

（六）巴斯德氏菌病

（1）病原：杀鱼巴斯德氏菌（*Pasteurel lapiscicida*）。

（2）临诊症状：感染初期无明显症状，仅食欲减退，继而不摄食，并出现死亡。脾、肾等内脏组织器官上有许多肉眼可观察到的小白点，故又称“类结疖症”。军曹鱼感染后，嘴、鳍、肛门发红，肠内充满白浊黏稠液，脾脏中小白点数量最多，小白点有的很微小，有的直径大至数毫米，形状不规则，多数近于球形。

（3）发病规律：主要危害 1 龄鱼，发病适宜水温 20～25℃，水温 20℃以下和 25℃以上极少发病。

（4）预防：放养密度不能过高，保持良好的网箱养殖环境，勿投喂变质下杂鱼。

（5）治疗：四环素或氨苄青霉素药饲，50～80 mg/kg（体重），连续投喂 7～10 d，休药期 20 d；强力霉素药饲，20～50 mg/kg（体重），连续投喂 5～7 d，休药期 20 d。

（七）链球菌病

（1）病原：一种链球菌（*Streptococcus* sp.）。

（2）临诊症状：鱼体变黑，眼球突出，眼周围充血，鳃盖内侧充血发红或出血，各鳍充血、出血和溃烂，体表、尾柄出现疥疮。

（3）发病规律：从稚鱼到 3 龄鱼均可被感染，但主要危害幼鱼，网箱养殖全年可见此病，7—9 月高温期是流行盛季。

（4）预防：合理放养密度，讲究饲料营养全面，投饲勿过量。

（5）治疗：强力霉素药饲，20～50 mg/kg（体重），连续投喂 5～7 d，休药期

20 d；青霉素或螺旋霉素药饲，30～50 mg/kg（体重），连续投喂 7～10 d，休药期 14 d；阿莫西林药饲，30～70 mg/kg（体重），连续投喂 5～7 d，休药期 21 d。

（八）原虫病

（1）病原：淀粉卵涡鞭虫（*Amyloodinium*），车轮虫（*Trichodina*），瓣体虫（*Petalosoma*），隐核虫（*Cryptocaryon*），盾纤毛虫中的海洋尾丝虫（*Uronema*）、拟舟虫（*Paralembus*）等，主要危害幼鱼，可导致暴发性死亡。

（2）治疗：除孢子虫外，鞭毛虫、纤毛虫病可用淡水浸泡 5～10 min 或 150 g/m^3 浓度的福尔马林药浴 1～2 h；车轮虫病用 2 g/m^3 浓度的硫酸铜药浴 1～2 h 或每只 500 m^3 左右的网箱中吊挂 15～20 kg 苦楝树叶；淀粉卵涡鞭虫、瓣体虫等病，用淡水浸泡 5～10 min 或 2 g/m^3 浓度的硫酸铜药浴 1～2 h；隐核虫病，用淡水浸泡 5～10 min 或用以缓释剂配制的兰片（硫酸铜制剂）或晶体敌百虫与白片（氯制剂）配合吊挂，每 10 m^3 网箱面积挂 1 片。为提高疗效，以上外用药可每天 1 次或连续使用2～3 次，同时在饲料中添加适量的鱼用复合维生素，产品上市前 10～15 d 停止用药。

（九）蠕虫病

（1）病原：寄生蠕虫种类多，包括单殖吸虫、腹殖吸虫、绦虫、线虫、棘头虫和蛭等，但危害大的主要是寄生于体表和鳃部的三代虫（*Gyrodactylus*）、本尼登虫（*Benedenia*）、双阴道虫（*Bivagina*）、异沟虫（*Heterobothrium*）等。

（2）治疗：淡水浸泡病鱼 5～10 min；500 mg/L 浓度 0. 05% 的福尔马林药浴 4 min；0. 25%～0. 3%的过氧化焦磷酸钠药浴 2 min。

（十）非生物性病害

（1）赤潮生物：近几年来，由于海洋环境污染和近海水域的富营养化，使得有害浮游生物如甲藻、硅藻、夜光虫等赤潮生物频繁发生，赤潮的发生，使养殖海区的水环境急剧恶化，导致网箱鱼类的窒息或中毒死亡。

（2）海蜇等大型水生生物大量繁生：因海蜇等生物大量存在养殖海区，它顺着潮流漂浮，严重堵塞网衣网目，因此会使网箱的鱼发生暴发性缺氧而死亡。

（3）饥饿及营养不良病：长期投喂单一饲料或投喂不足，营养缺乏，造成鱼体消瘦，体质下降，易发生疾病。

附表　渔用药物使用方法

渔药名称	用途	用法与用量	休药期/d	注意事项
氧化钙（生石灰）	用于改善池塘环境，清除敌害生物及预防部分细菌性鱼病	带水清塘：200～250 mg/L（虾类：350～400 mg/L） 全池泼洒：20 mg/L（虾类：15～30 mg/L）		不能与漂白粉、有机氯、重金属盐、有机络合物混用
漂白粉	用于清塘、改善池塘环境及防治细菌性皮肤病、烂鳃病、出血病	带水清塘：20 mg/L 全池泼洒：1.0～1.5 mg/L	≥5	1. 勿用金属容器盛装 2. 勿与酸、铵盐、生石灰混用
二氯异氰尿酸钠	用于清塘及防治细菌性皮肤溃疡病、烂鳃病、出血病	全池泼洒：0.3～0.6 mg/L	≥10	勿用金属容器盛装
三氯异氰尿酸	用于清塘及防治细菌性皮肤溃疡病、烂鳃病和出血病	全池泼洒：0.2～0.5 mg/L	≥10	1. 勿用金属容器盛装 2. 针对不同的鱼类和水体的 pH 值，使用量应适当增减
二氧化氯	用于防治细菌性皮肤病、烂鳃病、出血病	浸浴：20～40 mg/L，5～10 min 全池泼洒：0.1～0.2 mg/L，严重时 0.3～0.6 mg/L	≥10	1. 勿用金属容器盛装 2. 勿与其他消毒剂混用
二溴海因	用于防治细菌性和病毒性疾病	全池泼洒：0.2～0.3 mg/L		
氯化钠（食盐）	用于防治细菌、真菌或寄生虫疾病	浸浴：1%～3%，5～20 min		
硫酸铜（蓝矾、胆矾、石胆）	用于治疗纤毛虫、鞭毛虫等寄生性原虫病	浸浴：8 mg/L（海水鱼类：8～10 mg/L），15～30 min 全池泼洒：0.5～0.7 mg/L（海水鱼类：0.7～1.0 mg/L）		1. 常与硫酸亚铁合用 2. 广东鲂慎用 3. 勿用金属容器盛装 4. 使用后注意池塘增氧 5. 不宜用于治疗小瓜虫病
硫酸亚铁（硫酸低铁、绿矾、青矾）	用于治疗纤毛虫、鞭毛虫等寄生性原虫病	全池泼洒：0.2 mg/L（与硫酸铜合用）		1. 治疗寄生性原虫病时需与硫酸铜合用 2. 乌鳢慎用

续表

渔药名称	用途	用法与用量	休药期/d	注意事项
高锰酸钾（锰酸钾、灰锰氧、锰强灰）	用于杀灭锚头鳋	浸浴：10~20 mg/L，15~30 min 全池泼洒：4~7 mg/L		1. 水中有机物含量高时药效降低 2. 不宜在强烈阳光下使用
大蒜	用于防治细菌性肠炎	拌饵投喂：10~30 g/kg（体重），连用4~6 d（海水鱼类相同）		
大蒜素粉（含大蒜素10%）	用于防治细菌性肠炎	0.2 g/kg（体重），连用4~6 d（海水鱼类相同）		
大黄	用于防治细菌性肠炎、烂鳃	全池泼洒：2.5~4.0 mg/L（海水鱼类相同） 拌饵投喂：5~10 g/kg（体重），连用4~6 d（海水鱼类相同）		投喂时常与黄芩、黄柏合用（三者比例为5∶2∶3）
黄芩	用于防治细菌性肠炎、烂鳃、赤皮、出血病	拌饵投喂：2~4 g/kg（体重），连用4~6 d（海水鱼类相同）		投喂时常与大黄、黄柏合用（三者比例为2∶5∶3）
黄柏	用于防治细菌性肠炎、出血	拌饵投喂：3~6 g/kg（体重），连用4~6 d（海水鱼类相同）		投喂时常与大黄、黄芩合用（三者比例为3∶5∶2）
五倍子	用于防治细菌性烂鳃、赤皮、白皮、疥疮	全池泼洒：2~4 mg/L（海水鱼类相同）		
穿心莲	用于防治细菌性肠炎、烂鳃、赤皮	全池泼洒：15~20 mg/L 拌饵投喂：10~20 g/kg（体重），连用4~6 d		
苦参	用于防治细菌性肠炎、竖鳞	全池泼洒：1.0~1.5 mg/L 拌饵投喂：1~2 g/kg（体重），连用4~6 d		
土霉素	用于治疗肠炎病、弧菌病	拌饵投喂：50~80 mg/kg（体重），连用4~6 d（海水鱼类相同，虾类：50~80 mg/kg体重，连用5~10 d）	≥30（鳗鲡） ≥21（鲶鱼）	勿与铝、镁离子及卤素、碳酸氢钠、凝胶合用
磺胺嘧啶（磺胺哒嗪）	用于治疗鲤科鱼类的赤皮病、肠炎病，海水鱼链球菌病	拌饵投喂：100 mg/kg（体重）连用5 d（海水鱼类相同）		1. 与甲氧苄氨嘧啶（TMP）同用，可产生增效作用 2. 第一天药量加倍

续表

渔药名称	用途	用法与用量	休药期/d	注意事项
磺胺甲噁唑（新诺明、新明磺）	用于治疗鲤科鱼类的肠炎病	拌饵投喂：100 m/kg（体重），连用 5~7 d		1. 不能与酸性药物同用 2. 与甲氧苄氨嘧啶（TMP）同用，可产生增效作用 3. 第一天药量加倍
磺胺间甲氧嘧啶（制菌磺、磺胺-6-甲氧嘧啶）	用鲤科鱼类的竖鳞病、赤皮病及弧菌病	拌饵投喂：50~100 mg/kg(体重)，连用 4~6 d	≥37（鳗鲡）	1. 与甲氧苄氨嘧啶（TMP）同用，可产生增效作用 2. 第一天药量加倍
氟苯尼考	用于治疗鳗鲡爱德华氏病、赤鳍病	拌饵投喂：10.0 mg/kg（体重），连用 4~6 d	≥7（鳗鲡）	
聚维酮碘（聚乙烯吡咯烷酮碘、皮维碘、PVP-1、伏碘）（有效碘 1.0%）	用于防治细菌烂鳃病、弧菌病、鳗鲡红头病，并可用于预防病毒病：如草鱼出血病、传染性胰腺坏死病、传染性造血组织坏死病、病毒性出血败血症	全池泼洒： 海、淡水幼鱼、幼虾：0.2~0.5 mg/L 海、淡水成鱼、成虾：1~2 mg/L 鳗鲡：2~4 mg/L 浸浴： 草鱼种：30 mg/L，15~20 min 鱼卵：30~50 mg/L（海水鱼卵 25~30 mg/L），5~15 min		1. 勿与金属物品接触 2. 勿与季铵盐类消毒剂直接混合使用

注 1：用法与用量栏未标明海水鱼类与虾类的均适用于淡水鱼类。

注 2：休药期为强制性。

资料来源：《无公害食品渔用药物使用准则》（NY 5071—2002）。

第七章　网箱养殖配套装备技术

第一节　网箱锚系技术

网箱锚系技术是研究网箱的锚系结构，源于船舶、浮体等锚系，相关研究较多。目前，国内外对锚系方式研究较多，常见的网箱锚系方式主要有单点式锚系、多点式锚系、水上网格式锚系和水下网格式锚系方式。由于风浪的不确定性和海上实际安装施工中的不规范，很难保证网箱的结构强度足够和锚泊系统安全可靠。在生产应用中，其锚泊系统既可以采用多箱体串联式的安装，也可以根据成本投入情况选用单个网箱独自安装的形式。如养殖海区潮流急，多网箱组合的栅格式锚泊系统往往具有较高的安全性能。而对于单个网箱的锚泊系统来说，不同的锚绳安装方法对能否保证安全生产则有很大影响。此外，网箱锚系主要包括锚绳与海底锚定方式两个关键因素。就锚绳材料而言，现多采用尼龙材料和尼龙材料与金属锚链组合的方式，国内已经成功研制出了高强高模聚乙烯纤维材料（UHMWPE）锚绳，并已经进行了初步替代试用测试，效果明显好于传统锚绳。在锚定方式上，传统方式多数采用重力锚和打桩的形式进行锚系。为提高锚系的可靠性，应用于深海的吸力锚技术则为一种值得考虑的方式，但应用及设备成本还需进一步研究。

第二节　深水网箱埋入式钢筋混凝土分体锚

为了解决深水抗风浪网箱在水深 50 m 以下深水海域和网箱固定投锚作业的技术难题，设计了一种全新的埋入式钢筋混凝土分体锚，并对其拉力大小进行了测试，经测试该锚锢力达到 146.6 kN，可抗 14 级以上台风，大大提升了深水网箱锚泊系统的安全性能。分体锚的应用，可克服各种复杂地质进行投锚，施工速度快，效率高，且造价低廉。锚碇技术的创新将带来深水网箱养殖产业的跨越式发展，为我国网箱养殖产业的升级起到良好的推动与促进作用。

一、埋入式钢筋混凝土分体锚的研制

（一）材料

由三大部分组成：一是内外以 5~8 mm 钢板包体；二是在内外钢板之间焊接编织的钢筋龙骨；三是内外钢板之间的空腔内浇筑混凝土并用捣固棒密实，凝固形成完整的埋入式钢筋混凝土分体锚（图 7-1 和图 7-2）。

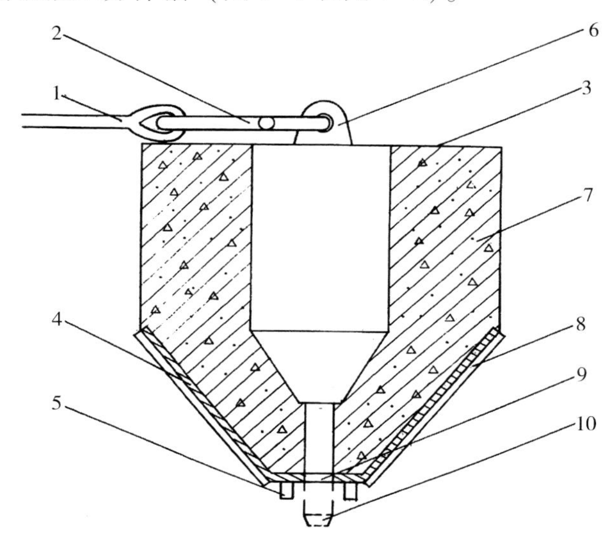

图 7-1　埋入式钢筋混凝土分体锚剖面

1. 三角钢拉杆；2. 双耳提环；3. 尾部底板；4. 防护钢板；5. 钢齿；
6. 悬吊和双耳提环支耳；7. 锚体；8. 棱板；9. 喷水导孔；10. 高压水喷孔

（二）分体锚的技术参数

（1）重量及高度：锚重 800 kg，锚体高 88 cm。

（2）锚体结构：上部中空圆柱体 50 cm，下部为锥体 38 cm。

（3）护板及填充物材料：圆柱及锥体内外为钢板护体，中空直径 38 cm，椎体头部有高压水喷管，填充物为钢筋混凝土。

（4）圆柱管平面焊接两个支耳，用于安装三角拉杆，并可固定承重索；三角拉杆可各 90°左右转动，当三角拉杆随垂直拉杆偏转时，保障锚不发生位移。当强台风时强力拉动和三角拉杆发生偏转时也可调整锚的受力面，将锚上部平面调整到正对垂直拉杆的拉力方向，保障锚的阻力面受力最大，增强锚锢力。

（5）垂直拉杆长 7 m，上下两端焊接圆环，用于连接三角拉杆栓锚绳，垂直拉杆与三角拉杆连接处可左右 90°偏转，在垂直拉杆随锚绳微微转动时三角拉杆受力

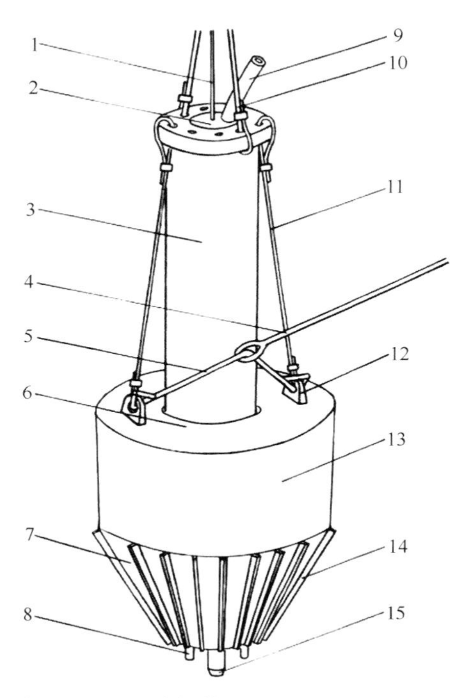

图 7-2　埋入式钢筋混凝土锚与振冲器结合

1. 电缆；2. 橡胶密封圈；3. 振动冲击锤；4. 三角钢拉杆；5. 双耳提环；6. 尾部底板；7. 防护钢板；8. 钢齿；9. 高压水管；10. 悬吊钢索；11. 悬吊绳索；12. 悬吊和双耳提环支耳；13. 锚体；14. 棱板；15. 高压水喷孔

不直接拉动锚，当强台风强力拉动垂直栏杆并偏转时，可将力传递给三角拉杆拉动锚的受力面偏转，使受力面与垂直拉杆一致，锚不会位移或向上被拔出。

（6）承重索：用拉力略大于锚体重量的麻绳作承重索，一端系于锚体平面的支耳上，另一端系于振冲器的翼板预留孔上，将分体锚与振冲器连成一个整体，保证把锚送到预定深度前的下沉过程中，锚与振冲器始终是一个整体。当投锚架起重机向上提起振冲器时将承重索拉断，振冲器与锚在预定深度分离，振冲器收回反复使用，由于泥土的强大压力和吸力，分体锚留在海底预定深度的泥沙中形成锚锢力。

（三）分体锚的制作

（1）编筋焊接：按设计图编筋成锚的龙骨，焊接各交叉点连成龙骨整体，并与内外钢板的焊接点进行焊接，形成锚的整体结构。

（2）浇筑混凝土：将焊接好的钢筋和钢板整体结构运至浇筑点，将搅拌好的快干混凝浇筑到锚体内，用捣固棒进行振动密实，与内外钢板、钢筋龙骨形成整体，7 d 后即可进行投锚。

二、分体锚施工

（一）投锚施工装备器材

200 t 专用投锚工程船，三锚定位，船上配备 200 kW 发电机组、10 t 起重机、专用投锚架、水下监控、流速仪和定位仪等装备器材。

（二）海上投锚作业方法

（1）投锚准备：起重机将分体锚吊运到投锚托盘上，将分体锚推到振冲器下方，再将分体锚套在振冲器的头部，并用承重索将振冲器与锚固定成一个整体，防止分体锚在水面至水底这一运动过程中与振冲器脱离，承重索的最大拉力略大于分体锚的重量。

（2）将锚送到预定深度：当专用施工架上的卷扬机将振冲器与锚放至水底时，开启振冲器上电源使偏心块转动形成激振力，并同时开启高压水泵形成高压水的冲击力，通过振冲器的带动，在水平方向上使分体锚产生强力振动，对周围土质进行破碎、挤压、液化，并且通过高压水将泥（砂）浆向上快速排出，形成大于分体锚直径的孔洞；在垂直方向上由振冲器与分体锚的重力共同作用下，使分体锚快速下沉，振冲器最终将分体锚送入设定深度（设计海底泥沙中埋深为 8 m）。

（3）振冲器与锚体分离：专用施工架上的卷扬机提起振冲器时，承重索在原地断裂，混凝土锚留在设定深度的泥沙里，完成了混凝土锚与振冲器的分离，振冲器通过专用施工架上的卷扬机提升至水面专用施工架上，此时投锚完成。

（4）将振冲器与另一个分体锚进行设置再组装，等待移位至下一个施工点后再进行投锚施工。

三、分体锚的拉力测试

（一）测试设备

拉力测试使用仪器，由海南省技术监督局产品质量监督所负责提供 20 t 拉力传感器计量，另外采用两门滑轮组和 25 t 吊车。

（二）测试地点的选择与测试

（1）锚泊拉力测试地点选在海南省临高后水湾深水网箱养殖海域进行。测试点距岸边约 20 m 的位置，涨潮时水深 5 m，退潮水深 1 m，从海底平面向下泥沙里送锚至预定深度 8 m 处。

（2）测试区域堤岸高 5. 5 m，涨潮时距水面 1. 5 m，退潮后距水面 4. 5 m，锚距岸边最高点 13.5 m。以高 13.5 m，斜边长 30 m，底边 20 m 的三角形，作为测算锚绳与海底平面的夹角。

（3）拉力传感器固定：其一端连接缆绳并与分体锚相连；另一端则连接双门滑轮组，双门滑轮组则用 25 t 吊车（吊车用地埋木桩连接拉绳进行固定）吊起提供测试拉力，吊车挂钩勾住滑轮组拉力端吊环，向上吊起，随吊机不断上升，增加拉力。

（4）锚绳从锚到拉力传感器的绳长为 30 m，从拉力传感器到埋入横木地锚固定点的距离约 20 m。

（5）拉力测试要求：测试锚至拉力传感器一段锚绳的斜方向拉力。考虑到拉力测试需要和测试安全，拉力测试达到 140 kN 以上时即可停止测试，并记录拉力的大小。拉力测试过程详见图 7-3。

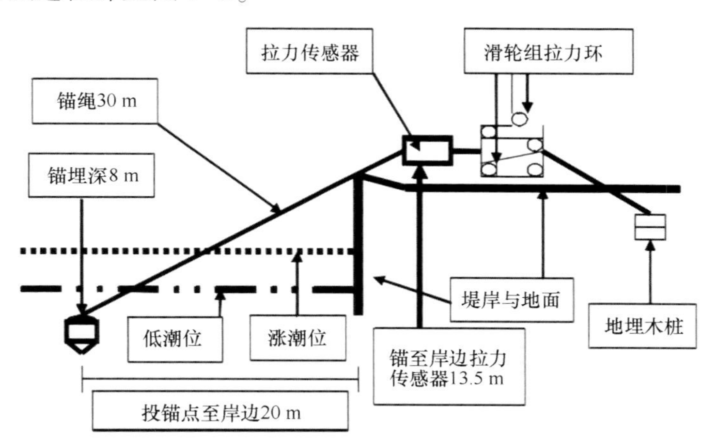

图 7-3 拉力测试过程演示

（三）水泥墩拉力测试比较测试

分体锚测试完成后，课题组还进行水泥墩拉力测试试验。测试地点、方法和设置条件同分体锚测试。分两次进行测试，第一个测试点距岸边 25 m 的水泥墩投放在距分体锚 5 m 远的海底；第二个测试点距岸边 75 m，均使用 25 t 吊车进行提拉。水泥墩均投放于砂质海底，自然沉降 3 d 后进行测试。

四、结果与分析

（一）分体锚施工及效率分析

（1）课题组在海南省临高县新盈镇后水湾临高海丰养殖发展有限公司养殖海

域，进行了海上投锚实验，成功将 16 个分体锚投放到预定海域，为两组深水网箱更换新的固定系统，用此方法重新投放的分体锚更换已抛投的水泥块锚，极大地增强了深水网箱的抗台风能力。该方法能克服各种复杂地质，使分体锚快速下沉，施工速度快，施工效率较高。

（2）通过装备共性设计加快投锚作业速度。创新的投锚工程船设计三锚定位，每根锚绳长 260 m。投锚船每次定位船首与船尾锚距为 300 m，可 3 次移动投锚船投放 3 个锚，平均 40~60 min 完成 1 次船定位。通过 3 次调节船首与船尾锚绳长度，在 1 条轴线上 3 次调整船的位置，可连续投锚 3 个，每 20~30 min 投锚 1 次，增加投锚船每次定位投锚次数，从而减少投锚船定位的次数，减少投锚作业时间，平均 45 min 投 1 个锚。同时还可以进行夜间投锚作业，提升投锚效率。

（3）1 次定位 3 次投锚的依据。锚与锚的间距为：40 m 周长的网箱 1 组 4 个网箱，需要投 12 个锚，成四边形配置，每条边等距布 3 个锚，锚与锚的间距为40 m；60 m 周长的网箱两个 1 组，需要投 12 个锚，锚与锚的间距为 50 m；按每天工作 16 h，每天投锚 20~24 个，每月工作 20 d，可投锚 400~480 个。

（二）分体锚拉力测试结果

（1）分体锚实际测得锚绳的拉力为 146.6 kN 时，拉力测试停止，测试的分体锚与固定用地锚均未移位。当时测试锚绳与海底平面的夹角为 48°。如果此夹角在 22°~30°之间时，锚绳的拉力将更大。

（2）课题组为测试安全考虑，仅测试拉力达到 146.6 kN 时即停止。当 14 级台风时，锚绳与海底平面夹角 30°，单根锚绳承受的拉力为 117.5 kN，此时锚绳的瞬间拉力 146.6 kN 已远超过 117.5 kN，且锚绳与海底平面的夹角为 48°，远大于 14 级台风夹角 30°时的拉力。因此，分体锚可抵抗 14 级以上的台风。

（三）水泥墩拉力测试结果

（1）第一次测试结果：拉力传感器显示，16 kN 时水泥墩移位 4 m，拉力增至 19 kN 时，水泥墩位于 6 m，再拉拉力瞬间下降到 15 kN，继续位移，3 次拉总位移至 16 m。此时锚绳与海平面夹角约 48°，测试角度同分体锚。

（2）第二次测试结果：拉力传感器显示，19 kN 时水泥墩移位 4 m，拉力增至 21.6 kN 时，水泥墩位于 6 m，再拉拉力瞬间下降到 18 kN，继续位移，3 次拉总位移至 16 m。此时锚绳与海平面夹角约 30°，测试角度小于分体锚。

（3）水泥墩的拉力测试结果初步说明，水泥墩可能不适应砂质与硬质海底投锚。目前后水湾大量使用的水泥墩锚（体积 1.5 m^3、重约 3.75 t），在海水密度 1.025 条件下，水泥墩的浮力为 15.375 kN，水泥墩投在砂质及硬质海底时，水泥墩附在海底表面，即便没入沙子里，也没有阻力，因此锚绳斜方向实际拉力应为 22.125 kN（重力减去浮力），远小于 14 级台风时单根锚绳 117.3 kN，易被拉起移位，导致相邻两个锚的锚绳易搅在一起，网箱发生拥挤碰撞。

（4）埋入淤泥较深的海底水泥墩，如水泥墩沉降到淤泥下 1 m 左右的深度，由于淤泥的吸力和阻力，水泥墩的拉力也仅为 37.5 kN 或略增加到 40~50 kN，仍与 14 级台风时单根锚绳 117.3 kN 相去甚远，特别是网箱被瞬间抬高并被涌浪推移时，单根锚绳承受 90~117.3 kN 的拉力，水泥锚瞬间被向上从泥中拉出，水泥墩瞬间拉力减小 15 kN 以上，易造成网箱继续漂移，甚至多个水泥墩被同时拔出移位，最终锚绳相互绞缠，造成整个固定系统被破坏。

五、讨论

（一）现有深水网箱锚泊系统存在的主要问题

受 2011 年第 17 号强台风“纳沙”和第 19 号台风“尼格”的袭击，受损最严重的海南临高金牌和后水湾、海南澄迈桥头、湛江流沙 4 个海域的深水网箱系统都采用桩锚固泊方式，大部分采用 4 只网箱一组连接。桩锚与其他类型锚（铁锚、水泥锚等）相比较，不具有走锚滑移过程重新达到阻力平衡的动作，锚泊体系的桩锚不能提供有效支撑是本次台风造成深水网箱受损的主要原因。桩锚的施工方式使其有效性难以获得保证，桩锚一旦拔起就完全丧失了锚的功能，相互挤压与重叠，容易产生“骨牌效应”，造成严重的经济损失。

水泥块锚泊由于浮力和埋深较浅，在长时间的风浪中锚绳的搅动，锚绳没入泥中的部分易形成海底平面到水泥块的喇叭口结构，海水侵入，水泥块周围的泥沙液化，水泥块裸露泥土的阻力和吸力尽失，强台风来临时易被拉起漂移，因此会造成网箱之间的碰撞，网箱漂移锚绳与网箱绞缠在一起，养殖的鱼易受伤死亡，超过 20 m 以上水深的水域，特别是复杂海底地质，水泥块锚即失去效应。铸铁或铸钢锚也存在成本高，易走锚，投锚定位困难等缺点。因此，采用的水泥块锚与船用铁锚或铸钢锚作为深水网箱锚泊系统仍存在一定的风险。

（二）分体锚与施工方法对深水网箱养殖产业带来的现实意义

从测试实验初步得出，分体锚锚锢力达到 146.6 kN，可抗 14 级以上的台风，大大提升了深水网箱锚泊系统的安全性能，可使深水网箱免受强台风的破坏，且施工方便，造价低廉，锚碇技术的创新将带来深水网箱养殖产业的跨越式发展，为我国网箱养殖产业的升级起到良好的推动与促进作用。

用振冲施工法将深水网箱专用分体锚（钢质或钢筋混凝土材质）送入海底泥沙

中预定深度的施工方法，解决了在水深50 m以下海域，进行埋深8~10 m的投锚作业的技术难题。投锚适应水深10~50 m，可使养殖水域进一步向外海拓展（5~15 km以外的广阔海域），使养殖水域可扩大几倍乃至几十倍，海南20~50 m等深线的海域基本上尚未得到开发，分体锚的使用，使水产养殖在更广阔的水域中得到发展，减少养殖对海洋环境的影响，有利于海洋国土资源的合理开发利用。

第三节 自动投饵

传统网箱养殖过程中，饵料投喂主要依靠人工完成，而在深海网箱养殖中，由于距离远、浪大等因素，人工投喂不现实，机械化、自动化、智能化的饵料投喂技术则显得非常必要。目前，集中饵料投喂是饵料发展的主要投喂方式。加拿大Feeding Systems公司成功研制了适用于大网箱、陆基养殖工厂和鱼苗孵化场的自动投饵系统，并为各种不同的养殖对象分别开发出了不同的投饵控制软件。在自动投饵机和专用软件的配合下很好地提高了饵料的利用率。美国ETI公司生产的FEED-MASTER自动投饵系统在许多国家得到推广使用。该系统对饲料颗粒基本没有机械损伤和热损伤，且具有很高的投饵精确性、可靠性和大饲料储存容量。每套自动投饵系统可支持24~60个直径约为10 cm的饲料输送管道。意大利的浮式网箱养殖已于20世纪90年代基本采用了专门的自动投饵技术。意大利TeehnoSEA公司于20世纪90年代末研发出了沉式自动投饵机Subfeeder-20。该机主要由HDPE制成。当网箱沉降到海面以下时该机仍可为网箱自动投饵，实现了在恶劣的天气和海况条件下的自动投饵，是一种全天候的自动投饵机。挪威AKVA公司的MarinaCCS投饵系统饲料投喂已经实现自动化和智能化控制。

国内主要在大型集中送料式投饵系统方面开展了研究和实验。但由于成本较高，操作复杂，一般养殖用户难以承受，所以这种投喂系统目前还难以推广。由于集中饵料投喂装置成本高，需配置专用工作船，消耗功率大，也需要人工定时操作投喂。一般养殖渔民难以承受，只用于大型养殖企业。基于上述原因，笔者提出了一种分布式智能投喂装置与技术。在网箱群中，每个网箱配置一个智能投喂装置，形成网箱群投喂装置的分布式布置。投喂装置通过无线信号接收发送系统可实现网箱饵料的无线远程投喂、饵料投喂情况监控等功能，形成智能化的投喂系统。借鉴意大利的沉式自动投饵机方式，宋瑞银等（2015）研制了分布式智能投喂装置。这种投喂装置以投放颗粒饵料为主，单个饵料箱容积可根据鱼群数量确定，一般可满足7 d左右的饵料供应。由于不需要大型的饵料投喂工作船等投入，这将极大降低饵料投喂装置成本与人工操作强度，并实现网箱养殖的精准投喂。

临高海丰养殖发展有限公司等单位联合开发设计了一套船载自动化投喂系统，并投入使用（图 7-4 和图 7-5）。2019 年进一步对软件部分进行优化，使软件菜单简洁化，增加数据记录、报警浏览及生成报表等功能，让系统更完善，使用人员操作更轻松，并针对撒料喷头进行了改进，轻松实现撒料头 360°旋转。

图 7-4 船载式自动投饵机

图 7-5 船载式自动投饵机投喂现场

第四节 网箱养殖在线监测监控

一、网箱养殖海域水质监测设备

通过运用先进传感器技术及自动监测传输技术，对网箱养殖过程中的水质参数进行采集分析以及监控预警，实现养殖的无人值守，使水产的养殖和管理更加精细化和智能化。

（一）设计背景

保持鱼类适宜的生长环境对鱼的生长尤为重要。鱼类只有在最适宜的生长环境下，使新陈代谢强度增加，才能发挥其生长快、能量转化率高的优点。海水网箱养殖环境的关键参数如水温、溶解氧，盐度，浊度，pH 值等这些关键因素很难准确把握。这样产量和效益就难以得到保障。所以实时监控离岸海水网箱养殖的环境参数对于水产养殖来说是获得收益的必要条件。

离岸网箱养殖由于监控点一般分布在较广阔的范围内，传输距离较远，同时因监测点在海上环境特殊，无法将设备固定，无法满足市电供应，因此采用一种新型的太阳能供电式且无线通信方式的小浮标监测系统来实现对网箱养殖水质的远程监测，实时监测测量点的数据，为养殖生产管理提供数据依据（图 7-6 和图 7-7）。

图 7-6　水质在线监测浮标

图 7-7　水质在线监测浮标效果

1. 温度

在非适宜性温度条件下，其代谢强度明显下降；当水温达到越冬温度，鱼类代谢下降至最低点，其体重非但不增加，反而因消耗大量能量而落膘，体重有所下降，甚至可能会因为温度不适合而导致鱼类死亡。

2. 溶解氧

对于水产养殖业来说，水体溶解氧对于水中生物如鱼类的生存有着至关重要的影响，当溶解氧过低时，就会引起鱼类窒息死亡，引发严重的渔业生产事故。

3. 盐度

盐度作为重要的因素之一，不仅影响鱼类的代谢活动及渗透压调节，而且还影响鱼类的营养需求、组织结构和生理生化指标等。

4. pH 值

不同的鱼类都有各自适合的范围，pH 值的大小直接影响鱼类和其他生物的生长、繁殖，甚至生命。

（二）设计目标

建设网箱养殖智能监控平台，主要实现下面 3 个目标。

（1）实现网箱水质的 24 h 不间断监测，包括对水体的溶氧量、盐度、浊度、pH 值、水温等指标的自动采集，自动预警，从而达到“养殖不下水”的效果，节省大量人工及能耗，减少水产养殖污染，提高生态环境质量，实现绿色农业。

（2）建立区域性水产养殖监控平台，实现对网箱养殖区内所有养殖点的统一监管，并提供信息发布和共享，以及通过平台的海量数据，为水产养殖生产管理提供实时数据。

（三）核心功能

（1）水质监测：包括溶解氧、盐度、浊度、pH 值、温度等指标监测，通过在网箱中安装的小型浮标监测系统，实现上述参数的实时数据采集和传输。

（2）指标异常提示：当水质出现异常，用户能第一时间看到信息提示，及时采取措施，避免损失。

（3）断电提示：当停电时，用户能第一时间看到信息提示。

（4）远程监控：用户使用电脑或手机能随时查询现场的水质监测数据，历史数据和趋势曲线等。

（四）系统原理

系统原理见图 7-8。

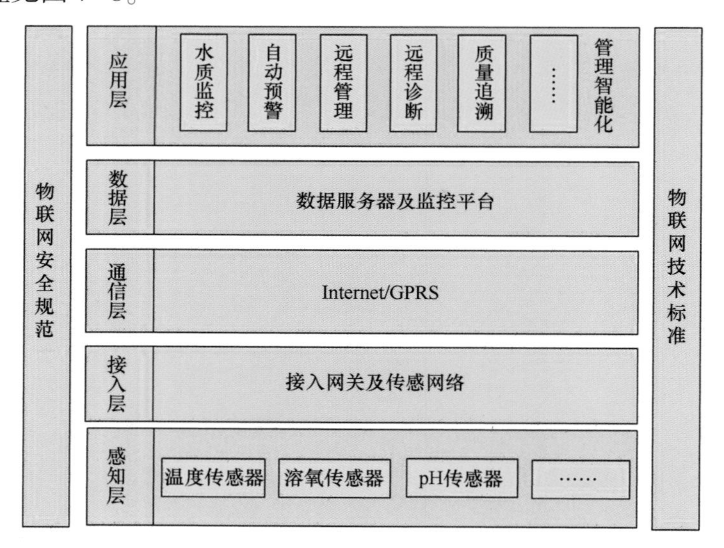

图 7-8　系统原理

（五）系统架构

系统架构见图 7-9。

1. 水质监测系统

通过长期生产实践掌握溶解氧、温度、pH 值、浊度、盐度等数据在海水网箱养殖监测的重要意义，因此我们选择了高性能专业海水版的传感器作为该系统的标准配置（图 7-10）。

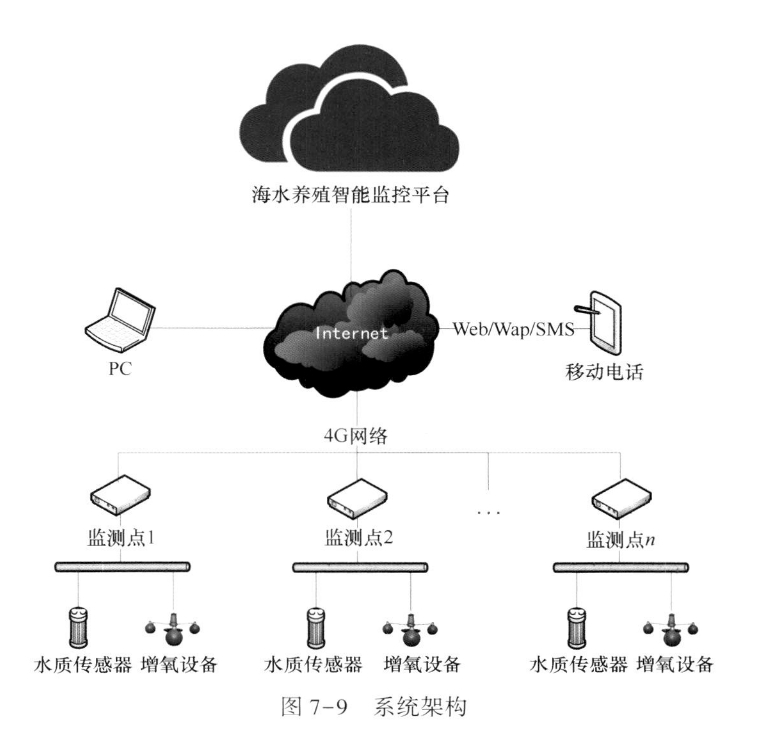

图 7-9　系统架构

2. 射频收发模块

负责无线数据收发，低功耗、高稳定性，工作于 315 MHz、433 MHz、868 MHz、915 MHz 和 2.4 GHz 等多种频率。

3. 供电模块

结合海水网箱养殖的特点，采用太阳能电池进行供电。

4. 状态报警

（1）当监测到指标有达到危险值时，启动警报系统，并发送手机短信，监控平台软件会启动报警提示。

（2）当发生意外断电的情况时，将警报信息发送到平台及手机中。

5. 远程监控系统

用户可以通过个人电脑、手机等方式随时联网在线查看水质指标和管理设备状态。

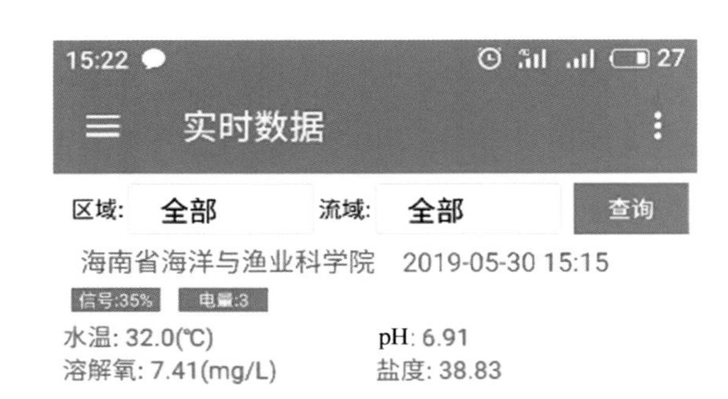

图 7-10　手机 APP 在线监控界面（Ⅰ）

图 7-10　手机 APP 在线监控界面（Ⅱ）

二、网箱养殖海域视频监测系统

（一）设计背景

由于离岸大型网箱养殖所处水域深、离岸距离远、鱼群活动范围大，存在养殖水域环境和鱼群安全日常监测不便、事故发生（如网衣破裂、鱼群逃逸、偷盗商品鱼等）反馈滞后等问题，可能造成巨大的经济损失。

（二）设计目标

为克服离岸深水网箱群养殖水域环境和鱼群安全日常监测不便的问题，笔者提出了一离岸网箱养殖海域视频监测系统，可以实现网箱养殖远程监控，构建深水网箱全方位远程监控体系，可实现深水网箱养殖信息化管理，提高养殖生产效率及风险防范能力（图 7-11）。

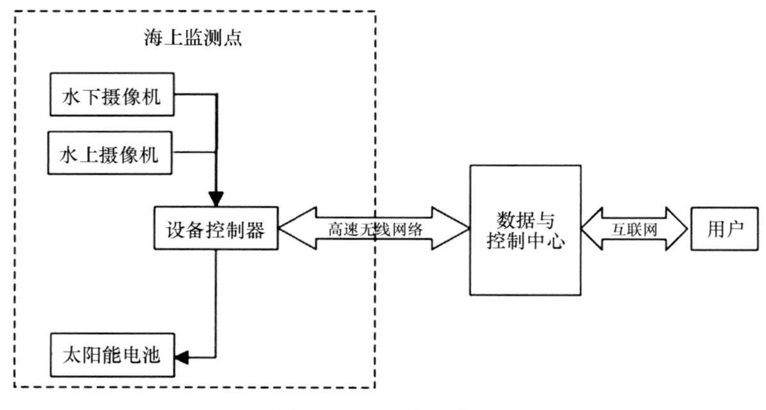

图 7-11　系统示意图

（三）核心功能

该系统利用 4G 无线网络技术或网桥实现深水网箱养殖网络化的本地或远程的实时视频监控，在线监控系统对海上养殖现场进行全面监控，基于易维护传感器技术，将位于网箱的水下摄像机收集到的图像，可通过内网或互联网查看视频数据。

（四）系统架构

离岸网箱养殖监控系统采用典型物联网的多层架构，感知层用于收集网箱养殖现场数据，由传输层将数据汇总至数据库，可实现控制、评估、诊断、预警、追溯等多种功能。

监测点部署于海上养殖网箱中，可配备水下摄像机/照明灯/清洁刷等各类信息感知与采集单元，同时安装有设备控制器等动作执行模块，实现融合采集、处理、控制的智能节点功能（图 7-12）。

1. 云台式水上摄像机

云台式水上摄像机采用 1 080 P 高清变焦数字摄像机，配备 360°旋转云台和照明灯，可有效监控网箱周围环境（图 7-13）。摄像机具备 20 倍光学变焦，远近目标均可清晰观察，150 m 红外阵列，确保日夜和不良天气条件下的不间断监控。设备整体达到 IP66 防护水平，能够在海上长期稳定工作。

2. 二合一数字水下摄像机

图像输出支持 1 920（H）×1 080（V），1 080 P 高清视频（图 7-14）。

3. 物联网智能控制器

用于从传感器采集数据，并发往数据中心，若数据链中断，也可将所有数据暂

图 7-12　水下视频监测现场效果

图 7-13　水上摄像头

存在本地。控制器内部集成有 5 模 4 频全网通用 4G 数据传输模块，用于提供备份线路，最高带宽可达 50 Mbps（FDD-LTE/TDD-LTE 上行），实际带宽与当地信号及网络条件有关。同时，设备控制器支持在线调整视频带宽，可根据实际带宽降低输出视频分辨率，保障视频直播的流畅性（图 7-15）。

图 7-14　二合一数字水下摄像机

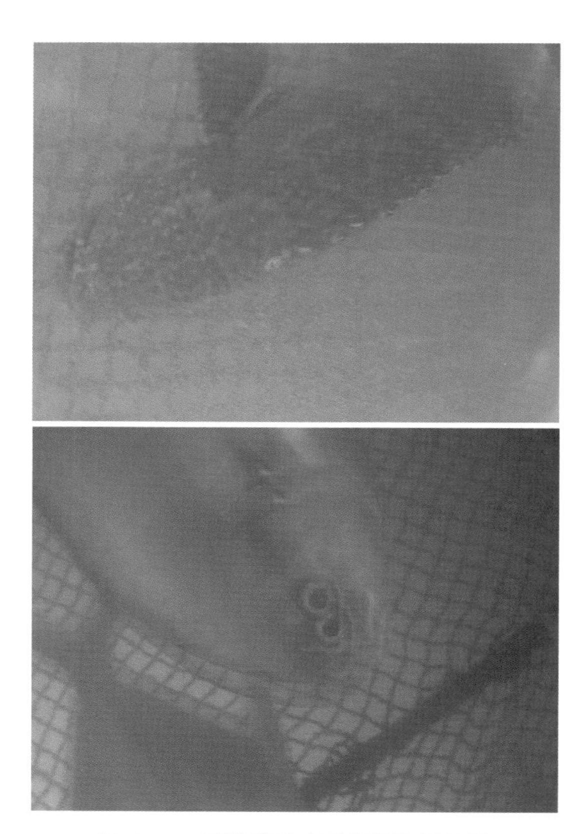

图 7-15　网箱养殖水下视频监测效果

第八章　网箱养鱼的经营管理

第一节　网箱养鱼的生产管理概述

经营管理是对深海网箱养鱼日常生产活动进行合理的计划、组织和控制，使养殖生产协调有节奏地进行。为了做好经营管理工作需要建立生产管理制度，主要包括建立网箱养鱼的饲养管理制度、生产考核制度、养殖生产数据管理和统计分析制度，从而推进深海网箱养鱼的有序化进程。

根据现有的经验，网箱养鱼饲养管理可以归纳为："三早、四看、五防、六勤"。"三早"就是早清箱、早放养、早喂食。"四看"就是看鱼、看水色、看天气、看季节进行合理投饲。"五防"就是防病、防缺氧、防风暴潮、防污染、防漏网逃鱼。"六勤"就是勤检查、勤观察、勤清网、勤维修、勤记录、勤研究。具体着重做好如下工作。

一、鱼群活动的检查

结合投饲、安全检查及换洗网箱，要经常注意观察鱼群的活动及摄食等情况，其目的：①检查病害，以便及时采取防治措施；②观察鱼类的生长，以便及时调整投饲量，及时了解养殖的鱼类是否已达到预定的规格，以便转入下阶段的饲料；③及时了解网箱中的鱼类有无被盗及逃鱼现象。

二、网箱养殖鱼类的生长检查

一般应间隔 10～15 d 检查一次网箱养殖鱼类的生长情况，在网箱中随机抽取 25～35 尾鱼，测量其体长和体重，检查时动作要轻快，避免伤及鱼体。然后根据放养时入网箱的鱼数，除掉平时死亡鱼数，得出网箱中现存鱼数量，乘以测定的平均体重，得出网箱鱼类总重量，据此调整日后实际的投饲量。同时检查鱼类的疾病情况，并决定是否立即采取防病治病措施。

三、养殖环境的日常检测

每天对养殖海域的海水温度、盐度、pH 值、天气、风浪、溶氧量、潮流流速进行测量记录，有条件的单位可配备水化学和水物理测试仪器，定点、定期测量网箱及其周围海域环境的水化学和水物理数据，并定期进行分析研究，以便根据情况采取相应的对策。

四、建立网箱养鱼日志

做好网箱养殖日志工作，对提高养殖管理水平，降低养殖成本和积累经验；对建立水产品追溯制度十分必要，网箱养鱼日志具体记录如下内容。

（一）放养情况

记录鱼种产地、种类、放养日期、规格、数量和价格等。

（二）饲料投喂情况

每日对各网箱投饲时间、投饲种类和投喂数量进行记录。

（三）鱼的活动情况

每天记录鱼类活动及摄食情况，记录病鱼数量与症状，以及用药等防治措施，记录死鱼数量及死亡原因。

（四）鱼的生长情况

每 10~15 天测量鱼的生长情况，方法是每箱随机取样 25~35 尾，测量其体长和体重并记录。

（五）筛选分箱

从鱼种养到成鱼，根据苗种生长情况需分箱疏苗，以保证养殖密度合理，规格平均，避免相互蚕食和损伤。分箱时可结合换网进行，操作需细心，勿损伤鱼体。分箱时应事先准备好一移动小型网箱，将要分出的鱼放入移动小网箱内，再移动放入计划养殖的网箱，其间可结合一些病害预防工作进行。

（六）换网和洗网

在养殖过程中，随着鱼的生长需要更换网囊和清洗网箱上的污损生物来保证网箱水流通畅，保持良好的养殖环境。网箱置于海水中一段时间后，极易被一些污损生物所附着，不仅增加了网箱的重量，而且影响了网箱内水体的交换，并经常致工作人员受伤，必须及时清除。常见的污损生物有牡蛎、藤壶、海鞘、贻贝、水云、浒苔和附着硅藻等。清除的办法最好是结合更换网囊时进行，换下的网囊可使用高压水枪喷射，再经日晒和拍打，清除缠在网衣上的污损生物。

随着鱼体的增长，需要更换若干次网目较大网囊，换网时，应首先将旧网囊解下拉向一边，然后把准备替换的网囊衣从旧网囊腾出的一边网箱依次拴好，再将两个网箱对接，并将鱼移入替换的网囊中，最后拆除旧网囊，拆除的旧网囊进行清洗和修补，浸泡防附着涂料，留下次使用。

（七）水下检查

深海网箱养鱼需配置1~2名潜水员，这对使用深海网箱用户尤其重要。检查工作从网箱上部开始，网箱水面部分是否正常，特别是锚泊系统上的浮桶位置有否变异，一旦发现异常应立即潜水查明原因，及时采取适当维护措施。每天可利用水下视像设备进行网具检查，了解网箱的运行状态，注意观察鱼群的活动和摄食情况，检查有无病鱼和死鱼现象等。潜水员定期进行必要的养殖系统检查，包括网箱有无破损，盖网、固定装置和通道是否正常，确保网箱在任何情况下是安全可靠的。

（八）其他

除了上述内容之外，还要做好网箱养鱼日志，记录增氧、电耗、水耗、劳动力安排、商品鱼销售或加工情况。

五、数据管理和统计分析

主要是对生产过程的各项原始数据进行记录和统计分析，综合运用记录和统计资料对生产和技术参数进行生物统计学的比较分析，研究查明生产规律，提出优质、高产、高效益的生产技术措施。着重建立网箱养鱼的记录和统计分析制度，并根据长期积累的网箱养鱼档案和日常管理数据的统计研究分析，可以对网箱养鱼状况进行较为全面系统的分析，摸索出有规律性的问题，以便改进养殖技术和生产措施，加强饲养管理，为企业增产增收提供可靠资料和科学依据。

第二节 养殖产品的质量安全管理

深海网箱养鱼产量大，将发展成为主要的出口创汇水产品，所以，网箱养鱼产品质量安全直接关系到网箱渔业的盛衰。建立深海网箱渔业质量安全体系，推广无公害标准化养殖技术，加强产品质量安全管理，全面提高产品安全卫生质量，对增强网箱养鱼产品的市场竞争力，对推进产业可持续发展都具有十分重要的意义。深海网箱养鱼质量安全管理着重要抓好如下工作。

一、提高全社会的水产品安全意识

网箱水产品的养殖、加工、流通环境是造成水产品质量安全的根本原因，主要因素见图 8-1。

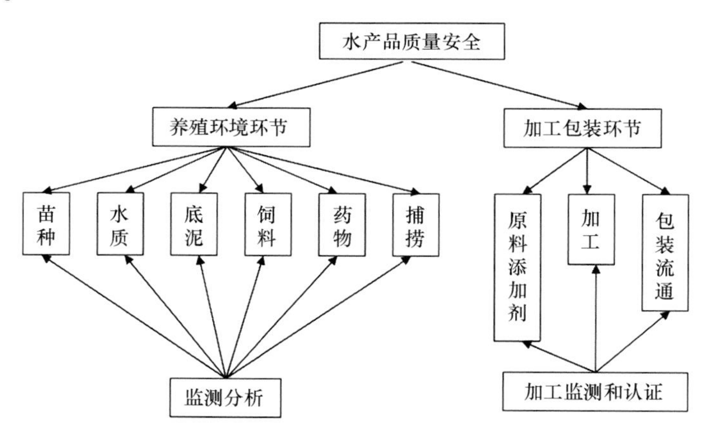

图 8-1　网箱水产品质量安全因素

要使网箱养鱼生产者、产品加工者和经销商、产品消费者对存在质量安全隐患的网箱养鱼产品有这样的充分认识：生产者会血本无归，加工和销售者会失去国内外市场，购买者的健康甚至生命将受到威胁和侵害，从而使抵制生产、经销和消费有质量安全隐患的水产品成为全社会的自觉行为。

二、改变养殖方式，严把质量关，从源头上解决问题

推广深海网箱养鱼新的养殖技术，狠抓养殖环境条件——水质、底泥、苗种、饲料、药物以及所有投入品、网具等质量安全关，从各个养殖环节和各个操作程序上确保质量安全，从源头上消除不安全因素。

三、网箱养鱼海域环境和用水要符合国家标准

网箱养殖海域生态环境良好，无或不直接受工业“三废”及农业、城镇生活、医疗废弃物污染。网箱养鱼海域及上风向、集雨区域，没有对产地环境构成威胁的污染源（包括工业“三废”、农业废弃物、医疗机构污水及废弃物、城市垃圾和生活污水等）。

网箱养鱼用水应当符合农业部《无公害食品海水养殖用水水质》（NY 5052—

2001）标准（表8-1），禁止将不符合海水水质标准的水源用于水产养殖。养殖企业和渔户应当定期监测养殖用水水质，养殖用水水源受到污染时，应当立即停止使用，确需使用的，应当经过净化处理达到养殖用水水质标准。养殖水体水质不符合养殖用水水质标准时，应当立即采取措施进行处理，经处理后仍达不到要求的，应当停止养殖活动。

表8-1　无公害食品海水养殖用水水质标准

序号	项目	标准值
1	色、臭、味	海水养殖水体不得有异色、异臭、异味
2	大肠菌群，个/L	≤45 000，供人生食的贝类养殖水质≤500
3	粪大肠菌群，个/L	≤2 000，供人生食的贝类养殖水质≤140
4	汞，mg/L	≤0. 000 2
5	镉，mg/L	≤0. 005
6	铅，mg/L	≤0. 05
7	价铬，mg/L	≤0. 01
8	总铬，mg/L	≤0. 1
9	砷，mg/L	≤0. 03
10	铜，mg/L	≤0. 01
11	锌，mg/L	≤0. 1
12	硒，mg/L	≤0. 02
13	氰化物，mg/L	≤0. 005
14	挥发性酚，mg/L	0. 005
15	石油类，mg/L	≤0. 05
16	六六六，mg/L	≤0. 001
17	滴滴涕，mg/L	≤0. 000 05
18	马拉硫酸，mg/L	≤0. 000 5
19	甲基对硫磷，mg/L	≤0. 000 5
20	乐果，mg/L	≤0. 1
21	多氯联苯，mg/L	≤0. 000 02

资料来源：《无公害食品海水养殖用水水质》（NY 5052—2001）。

四、严把渔用饲料质量安全关

使用渔用饲料应当符合《饲料和饲料添加剂管理条例》和农业部《无公害食品渔用饲料安全限量》（NY 5072—2002）标准（表8-2）。鼓励使用配合饲料，限制直接投喂冰鲜（冻）下杂鱼饲料，防止残饵污染水质。禁止使用无产品质量标准、无质量检验合格证、无生产许可证和产品批准文号的饲料、饲料添加剂，禁止使用变质和过期饲料。

表 8-2 渔用配合饲料的安全限量标准

项目	限量	适用范围
铅（以 Pb 计），mg/kg	≤7.5	各类渔用饲料
汞（以 Hg 计），mg/kg	≤0.5	各类渔用饲料
无机砷（以 As 计），mg/kg	≤7.5	各类渔用饲料
镉（以 Cd 计），mg/kg	≤3	虾类配合饲料
	≤0.5	其他渔用配合饲料
铬（以 Cr 计），mg/kg	≤10	各类渔用饲料
氟（以 F 计），mg/kg	≤350	各类渔用饲料
喹乙醇，mg/kg	不得检出	各类渔用饲料
游离棉酚，mg/kg	≤300	温水杂食性鱼类、虾类配合饲料
	≤150	冷水性鱼类、海水鱼类配合饲料
氰化物，mg/kg	≤50	各类渔用饲料
多氯联苯，mg/kg	≤0.3	各类渔用饲料
异硫氰酸酯，mg/kg	≤500	各类渔用饲料
噁唑烷硫酮，mg/kg	≤500	各类渔用饲料
油脂酸价（KOH），mg/g	≤2	渔用育成饲料
	≤6	渔用育苗饲料
	≤3	鳗鲡育苗饲料
黄曲霉毒素 B_1，mg/kg	≤0.01	各类渔用饲料
六六六，mg/kg	≤0.3	各类渔用饲料
滴滴涕，mg/kg	≤0.2	各类渔用饲料
沙门氏菌，cfu/25g	不得检出	各类渔用饲料
霉菌（不含酵母菌），cfu/g	$\leq 3\times10^4$	各类渔用饲料

资料来源：《无公害食品渔用饲料安全限量》标准（NY 5072—2002）。

五、严把渔药质量安全关

使用水产养殖用药应当符合农业部《无公害食品渔药使用准则》（NY 5071—2002）标准，使用药物的养殖水产品在休药期内不得用于人类食品消费。

为了确保深海网箱养鱼产品的质量安全，在病害防治中严禁使用高毒、高残留或具有三致毒性（致癌、致畸、致突变）的渔药。严禁使用对水域环境有严重破坏而又难以修复的渔药，严禁直接向养殖水域泼洒抗生素，严禁将新近开发的人用新药作为渔药的主要或将要成分。禁用渔药详见表8-3。

表8-3 无公害水产品禁用渔药清单

序号	药物名称	英文名	别名
1	氯霉素及其盐、酯	Chloramphenicol	
2	己烯雌酚及其盐、酯	Diethylstilbestrol	乙烯雌酚
3	甲基睾丸酮及类似雄性激素	Methyltestosterone	甲睾酮
4	呋喃唑酮	Furazolidone	痢特灵
	呋喃它酮 Furaltadone，呋喃苯烯酸钠 Nifurstyrenate sodium 亦禁用		
5	孔雀石绿	Malachite green	碱性绿
6	五氯酚钠	Pentachlorophenol sodium	PCP-钠
7	毒杀芬	Camphechlor（ISO）	氯化莰烯
8	林丹	Lindane 或 Gammaxare	丙体六六六
9	锥虫胂胺	Tryparsamide	
10	杀虫脒	Chlordimeform	克死螨
11	双甲脒	Amitraz	二甲苯胺脒
12	呋喃丹	Carbofuran	克百威
13	酒石酸锑钾	Antimony potassium tartrate	
	各种汞制剂（常见）		
14	氯化亚汞	Calomel	甘汞
15	硝酸亚汞	Mercurous nitrate	
16	醋酸汞	Mercuric acetate	乙酸汞
*17	喹乙醇	Olaquindox	喹酰胺醇
*18	环丙沙星	Ciprofloxacin	环丙氟哌酸
*19	红霉素	Erythromycin	
*20	阿伏霉素	Avoparcin	阿伏帕星
*21	泰乐菌素	Tylosin	
*22	杆菌肽锌	Zinc bacitracin premin	枯草菌肽
*23	速达肥	Fenbendazole	苯硫哒唑
*24	呋喃西林	Furacilinum	呋喃新
*25	呋喃那斯	Furanace	P-7138
*26	磺胺噻唑	Sulfathiazolum ST	消治龙
*27	磺胺脒	Sulfaguanidine	磺胺胍
*28	地虫硫磷	Fonofos	大风雷
*29	六六六	BHC（HCH）或 Benzem	
*30	滴滴涕	DDT	
*31	氟氯氰菊酯	Cyfluthrin	百树得
*32	氟氰戊菊酯	Flucythrinate	保好江乌

注：不带*者系《食品动物禁用的兽药及其他化合物清单》（2002年农业部第193号公告）涉及的渔药部分；带*者虽未列入193号公告，但列入了NY 5071—2002《无公害食品渔用药物使用准则》的禁用范围，无公害水产养殖单位必须遵守。禁用渔药还随着水产品进出口国的要求改变而变动，所以要随时注意商品出入境检验检疫部门的通告。

六、选择优质苗种放养

网箱养鱼使用的苗种应当符合国家或地方质量标准，放养苗种前要追溯苗种培育中使用违禁的药物等投入品，有关网箱养鱼对苗种具体要求，详见本书第三章。

七、建立和实施网箱养鱼技术操作规程

深海网箱养鱼要按国家有关养殖技术规范操作要求，建立和实施技术操作规程，应当配置与生产能力相适应的水质、水生生物检测等基础性仪器设备。生产中应当填写《水产养殖生产记录》，记载养殖种类、苗种来源及生长情况、饲料来源及投喂情况、水质变化等内容。《水产养殖生产记录》应当保存至该批水产品全部销售后两年以上，以备分析和追求产品质量安全因素。网箱养鱼单位销售自养水产品应当附具《产品标签》，注明单位名称、地址、产品种类、规格、出网箱日期等，以示对产品质量负责。

八、建立和健全水产品质量监管的技术支撑、法律保障和行政执法三大体系，实行全程质量监控

为了切实实施网箱养鱼产品的质量安全行动计划，国家近期的工作重点是加强法规建设，实行全程质量监控。为此，当前应着重做好如下工作：①加强引导，广泛宣传，提高全民的水产品质量安全意识；②明确管理主体，加强水产品质量安全管理的行业指导；③建立、健全水产品质量监管的三大体系——法律保障体系、技术支撑体系和行政执法体系；④全面建立和推进准入制度——生产准入、市场准入；⑤建立信息监管系统。

第三节　深海网箱养鱼安全生产

深海网箱养鱼在近海作业，海南岛邻近海域是台风较频繁出现的海区，大风、大浪、急流海况都会对安全生产构成威胁。除此之外，还有赤潮、环境污染、海洋污损生物、航行安全、网具破损、偷盗、人为破坏等也是深海网箱养鱼安全生产的隐患，都应予以防范。

一、海洋自然灾害的防御与减灾

海洋灾害主要包括风暴潮、地震海啸、风暴海浪、海冰、海雾、赤潮（及其他生物性灾害）等突发性较强的灾害，以及海岸侵蚀、海湾淤积、海咸水入侵沿海地下含水层、海平面上升、沿海土地盐渍化等缓发性灾害。对于深海网箱养鱼的海洋灾害主要是风暴潮、风暴海浪和赤潮等。海南省是海洋自然灾害多发地区之一，2005年全年海南岛沿岸出现3次明显风暴潮，分别是0508号强热带风暴“天鹰”、0516号热带风暴“韦森特”和0518号台风“达维”。0518号台风“达维”是32年来影响海南岛最强的台风，于9月26日04时前后在万宁市山根镇一带沿海登陆，登陆时中心最大风速50 m/s。2005年全省近岸海域发生两次赤潮，一次是文昌高隆湾海域发生红海束毛藻赤潮，赤潮最大面积约为0.15 km^2；另一次是海口湾海域发生球形棕囊藻赤潮，持续3 d，赤潮最大面积约为0.3 km^2。2005年度南海的巨浪（有效波高大于4 m的海浪）日数共有61 d，其中因热带气旋影响产生的巨浪日数为23 d，因冷空气影响产生的巨浪日数为38 d。夏、秋季产生巨浪的因素主要为热带气旋，春、冬季产生巨浪的因素主要为冷空气。

为了减少海洋自然灾害对网箱养鱼的影响，做好防灾减灾工作：①在网箱布局要选择风浪和海流较小，无污染源，不易出现赤潮的海区，更要注意预防超容量养殖导致养殖自污染；②尽量选择抗风浪能力较强的升降式网箱，在台风来临之前将其沉降至离水面6 m以下，可大大增强网箱的抗风浪能力；③加固锚泊系统，抵御强风、大浪和急流的侵犯；④关注气象预报，早作准备，防患于未然；⑤在汛期及台风季节，要加强防范措施，保证网箱安全，由于大风造成的网箱变形或移位，要及时整理，保证网箱内的有效空间和网箱间的合理距离；⑥一旦海域有赤潮预报，应及时采取措施，如将网箱拖移至安全海域等。

二、加强水下监测，及时修补网囊破损、观察鱼群活动、清除污损生物，以利安全生产

水下监视和网箱养鱼日常管理工作应围绕防网箱破损、防病、防污损、防逃和防敌害工作而进行。网箱上污损生物要定期和不定期清除，生长过多，不仅影响网囊内水流通畅，而且有可能因重量过大撕裂网衣，造成逃鱼。要有专人负责经常巡视，观察鱼的吃食及活动情况，要定期检查鱼体，了解鱼类生长情况，分析存在的问题，及时采取相应措施。发现鱼病及时治疗，鱼病流行季节，要着重做好预防工作。应结合清除污损生物经常检查网箱是否破损，要注意观察是否有野生动物咬破

网衣，如有破损应立即修复。要经常检查网箱内是否钻入有害鱼，有条件的应设置防止敌害的拦网，敞开式网箱要预防海鸟捕鱼。

三、经常检查锚泊、缆绳以及网箱系统的固定设施是否牢固坚硬等，发现问题及时采取相应措施

采用水面、水中观察相结合的方法经常检查锚泊位置、各种缆绳有否磨（破）损以及网箱系统的固定设施是否牢固坚硬，发现问题采取相应措施及时处理，防患于未然。要设置灯标等警示性标志物，以防航行船只碰撞网箱系统。还要提高警惕，加强管理，不可忽视偷盗和存心破坏事件的发生。

四、预防病害暴发和饲料恶性中毒事件的发生

病害预防不力，饲料管理不当等，有可能发生暴发性鱼病和饲料中毒事件，相关预防对策措施，详见本书成鱼养殖技术章节和本章第二节养殖产品的质量安全管理。

第四节　卵形鲳鲹深水网箱养殖风险对策分析

一、生态习性及养殖风险防范

（一）生态习性

卵形鲳鲹属暖水性中上层鱼类，其食性为杂食偏肉食性，其食量大，消化快，抢食凶猛，生活于水体的中上层，具洄游性和群聚性，春、夏季聚群由深水处游向近岸浅水处索饵和产卵，2—3 月常在广东、广西、海南和福建沿海见到稚幼鱼，冬季离岸游向深水处越冬。生存的最低临界水温为 14℃，14℃以下水温持续 2 d 以上即出现死亡；水温下降到 16℃以下时，进入越冬期（通常在 12 月下旬至翌年 2 月上旬）；生活水温 16~36℃，适宜生长水温 22~33℃，最适为 23℃。适宜生长盐度 10~33，盐度在 20 以下时生长较快。盐度超过 20 时生长较慢。适宜生活 pH 值为 7.6~9.6。生活的最低临界溶氧量为 2.5 mg/L。卵形鲳鲹不具相互蚕食的特性，在深水网箱养殖过程中，在小规格阶段可先行标粗至能下深水网箱养殖的规格。

（二）风险防范对策

1. 正确设置网箱

深水网箱置于水深 10 m（指最低潮时）以上的海区，网箱在选择材料上要充分考虑网箱的先进性和安全性，浮力装置（框架）材料选用 HDPE（高密度聚乙烯），有扶手管、主浮管、支架及相关配件。其具有质量轻、抗冲击、寿命长、强度高、柔韧性好等特点，使其在海中随波逐流而具有抗大风的能力。挂网后的网箱呈圆台形，上周长 40 m，直径 14 m，下周长 31 m，直径 10 m，深 7 m（其中 1 m 浮在水面上）。通常设置成 4 只一组的网箱组，每只网箱之间应留间距 5 m 左右宽度的通道，以便作业船只进出、进行投喂等日常管理操作。网箱底部用水泥块作为沉子。该组合的网箱抗风能力可抗 12 级以下的强风，抗浪能力最大达浪高 7 m，抗流能力最大达 1.2 m/s。网箱养殖面积不应超过可养殖海区面积的 15%。

2. 选优及放养苗种

选择购买体态匀称、体色正常、活泼无损伤体表、无出现寄生虫、个体差异不大的健康苗放养，最好是体长 6～8 cm。鲳鲹属中还有一个种，即布氏鲳鲹，成鱼后与卵形鲳鲹外形较为相似，在幼苗期不太容易分辨，所以在苗种购买时，最好选择自己了解亲本体系培育且规模较大、信誉较好的供应商，以保证苗种的纯正。放养密度应根据水源、水质和水流条件决定，以保证养成效益最大化为宜。苗种下网箱前用淡水浸泡消毒。

3. 投饵及日常管理

深水网箱养殖主要采用专用卵形鲳鲹鱼膨化配合饲料。根据鱼不同生长阶段选用适口的饲料，首要的是正确确定投喂量，既要保证鱼最大生长的需要，又不能过量投喂，以免造成浪费并有污染水环境的潜在危险。在投喂时可以遵循小潮水多投，大潮水少投；水透明度大时多投，水浑时少投；流急时少投，平潮、缓流时多投；水温适宜时多投，水温不适宜时少投或不投，每年的 5—8 月多投，越冬时少投这样的原则。按照鱼体大小确定饲料粒径，鱼体重 18～100 g，选用饲料粒径为 1.5 mm，鱼体重 100～300 g，选用饲料粒径为 2 mm，鱼体重 300 g 以上，选用饲料粒径为 3 mm。放养即可喂食，日投喂 3～4 次，日投喂量为鱼体总重的 2%～6%。根据水温、水质、天气、潮流和鱼的摄食情况灵活掌握（表 8-4）。

表 8-4　日投喂量和投喂次数

鱼体重/g	投喂量（占鱼体重）/%	投喂次数	投饲时间
18～100	5～6	4	7：00—7：30、12：00—12：30、17：00—17：30、20：30—21：00
100～300	3～4	3	7：00—7：30、12：00—12：30、17：00—17：30
300 以上	2～3	3	7：00—7：30、12：00—12：30、17：00—17：30

日常管理对于深水网箱养殖这种集约化养殖方式来说尤为重要。除了常规的管理工作外，还应重点关注以下几点：①为防止逃鱼，网箱表面要加网盖，配置潜水员，做好网箱的安全检查工作，发现问题及时处理；②定期清洗网衣，换网，防止污损物在网衣上附着太多太久而影响水体交换；③台风季节应做好防风工作，台风来临之前及时（前 1～2 d）将网箱沉入水中，台风过后又及时将网箱升出水面；④高温季节，更应勤于观察鱼的摄食及活动情况，如果海水清澈而鱼出现摄食减少或不摄食、活动异常等现象，则马上采取相应措施，一旦检查出现病鱼，须对病鱼进行隔离治疗；⑤卵形鲳鲹在养殖过程中，由于个体差异会出现大小不匀的现象，可根据鱼体生长情况分箱疏苗，以保证合理的放养密度和苗种规格的平均。

二、常见病害及防治对策

（一）常见病害

1. 寄生虫性疾病

（1）小瓜虫病（刺激隐核虫）：病鱼体表出现直径 0.5～1 mm 的白色斑点，黏液增多，鳞片脱落，厌食，虫体在鳃部寄生破坏鳃小片，致鱼呼吸困难，直至死亡。在水温 30℃左右，该病传染很快，几天内整个网箱或鱼池的鱼都会被感染。

（2）指环虫病（指环虫）：病鱼体表失去光泽，食欲不振，游泳迟缓，有的鳍条溃烂，体表和鳃部黏液增多，局部鳞片脱落，一侧或两侧眼球突出、发炎、坏死或脱落，游泳失去平衡，打转。

（3）瓣体虫病（石斑瓣体虫）：虫体寄生在鱼体表、鳃及鳍上。典型症状为体表形成不规则白斑。寄生处分泌大量黏液。病鱼常浮于水面，呼吸困难，口张大，鳃盖打开。病鱼胸鳍从体侧向外伸直，近于紧贴鳃盖。镜检病鱼白斑处黏液或鳃丝可见大量瓣体虫，此病多发于高温季节。

（4）车轮虫病（纤毛虫类的车轮虫）：鱼体变黑，不摄食，游动无力，浮于水表面，体表面黏液分泌过多，白浊。鳃上寄生虫数量多时，鳃组织坏死，病鱼呼吸困难。诊断时，刮取体表黏液或剪取部分鳃丝压片镜检，一个视野中车轮虫数量较多时即可确诊。

2. 细菌性疾病

（1）皮肤溃疡病，主要特征是体表皮肤溃疡。感染初期，体色呈斑块状褪色，食欲不振，缓慢地浮游于水面，中度感染时，色鳍基部、躯干部等发红或出现斑点状出血；随着病情的发展，患部呈现出血性溃疾。有的吻端或鳍膜烂掉，有的眼球突出；眼内有出血点，肛门发红扩张，有黄色黏液流出。解剖观察，胃内无食物，空肠并带有黄色黏液，肝、肾等明显充血、肿大。该病在苗种培育和养成中均有发现，以冬季最为严重。

（2）肠炎病，发病初期，病鱼体表无明显症状。后期典型症状为肛门红肿，腹胀，具腹水。解剖发现肠道充血发炎呈紫红色，肠壁弹性较差，肠道内无食物或少量食物，有大量黄色黏液。流行高峰在夏、秋季节，病程短，死亡率较高，3~5 d内死亡率可达到80%以上。

（二）病害防治对策

鱼病是影响卵形鲳鲹养殖成活率的主要因素，因深水网箱养殖密度大，水体交换快，一旦发病，交叉感染速度快，病情难于控制，易造成大批量死亡。海南临高后水湾深水网箱养殖基地常会发生大规模的小瓜虫病连片感染，养殖者面对此情况，往往都显得束手无策，所以在病害防治方面必须做到以防为主，防治相结合的原则。控制好合理的放养密度，充分考虑海区的养殖容量，可大大避免此情况发生。在养殖过程中严禁投喂变质饲料或营养成分达不到要求的饲料。对常见的肠炎病，可15 d左右添加大蒜素拌饲料投喂，投喂量约占体重的0.3，连续投喂3~4 d，做好防治工作。半个月时间采样1次，从每口网箱中随机取20尾称重，取其平均值；记录好每天的天气、风浪、气温、水温、海水盐度和透明度等理化因子；勤于观察鱼的摄食情况及活动情况，记录好每口网箱的死鱼情况并分析其死亡原因，一旦出现病鱼应及时做好防治。

三、市场风险及防范对策

在市场经济条件下，商品受供求关系影响。南方深水网箱养殖的卵形鲳鲹除了内销外，主要的还是出口。且出口都是以条冻卵形鲳鲹为主，产品较为单一。受疫情等因素影响，目前逐步由出口转内销。出口顺利的时候，内销的压力相对小一点；一旦出口不顺利，内销达一定饱和程度时，养殖规模短期难以缩减，销售压力极大，价格猛跌，很有可能造成市场混乱，养殖户遭受损失。

在海南，卵形鲳鲹养殖主要以深水网箱养殖为主，海南的卵形鲳鲹出口占据着国内卵形鲳鲹出口的大片江山。2009 年的金融危机对卵形鲳鲹产业的影响就显而易见。不少企业也没有像前几年那样放开手脚接单子，直接导致不少养殖的金鲳鱼货量积压，转而加大力量开拓内销市场。全年的出口中除了 12 月因出口回暖，其价格也回升至 24 元/kg 左右外，其余的时间内均在 20 元/kg 以下徘徊。因此，市场风险的防范对策就是要对市场供求及容量进行较为准确的调查、预测、分析等，找准原因，努力降低单位养殖成本，争取市场竞争的主动权。当然，进一步开发卵形鲳鲹的加工产品，也可缓解其市场的压力。

四、经济效益分析

（一）不同放养密度养殖的经济效益

近几年来，笔者通过对不同的养殖密度养殖实验获得有关数据（表 8-5 和表 8-6）。

表 8-5 卵形鲳鲹不同放养密度收获情况

放养密度/（尾·m^{-3}）	放养规格/（g·尾$^{-1}$）	放养数量/尾	放养总重/kg	收获规格/（g·尾$^{-1}$）	收获数量/尾	收获总重/kg	投饵量/kg	饲料系数	成活率/%
40	13~14	16 500	215	400~600	14 300	7 200	13 080	1. 8	86. 7
50	13~14	20 000	265	400~600	17 000	9 000	17 100	1. 9	85
60	13~14	24 500	320	400~600	21 000	11 000	25 850	2. 35	85. 7
70	13~14	29 000	380	400~600	23 500	12 000	36 000	3. 0	81

表 8-6 卵形鲳鲹不同放养密度产量及经济效益情况

放养密度/（尾·m^{-3}）	养殖时间/d	产量/（kg·m^{-3}）	成本/（元·kg^{-1}）	产值/（元·m^{-3}）	利润/（元·m^{-3}）
40	170	17. 4	18	459. 36	146. 16
50	180	21. 8	18. 6	575. 52	170. 05
60	220	26. 6	22	702. 24	117. 04
70	230	29. 1	26. 6	768. 25	-5. 81

注：以上利润数据不含设备折旧费。

从表 8-5 和表 8-6 中可以看出，随着放养密度的增加和养殖时间的延长，虽然鱼的单位产量和产值也在增加。但每千克商品鱼的养殖成本也依次递增。从放养密度、产量、成本与利润等几个因素可以看出，养殖密度越大，最终利润越低，60 尾/m^3密度的利润已明显低于 40 尾/m^3密度的利润，密度达 70 尾/m^3出现了负值。所以，深水网箱中养殖卵形鲳鲹，除了放养密度直接影响上市规格所需的时间外，合理的放养密度是保证养殖利润最大化的根本。从本实验的结果来看，放养规格 13～14 g/尾的卵形鲳鲹，放养密度 40～60 尾/m^3最为适宜，经济效益也最好的。这也与国内相关学者的研究结果基本相同。

（二）不同年份的经济效益

5.0 cm 以上的鱼苗一般经过半年左右的时间养殖后可达上市规格（500 g）。笔者近几年来通过对海南后水湾特定的深水网箱养殖公司进行指导实验，跟踪养殖情况，获得有关数据（表 8-7 和表 8-8）。

表 8-7　2007—2010 年卵形鲳鲹放养及收获情况

年份	投苗时间（月·日）	苗种规格/cm	苗种数量/尾	成鱼数量/尾	成活率/%
2007	4.16	5～8	12 000	10 000	83
2008	4.2	5～8	15 000	12 000	80
2009	4.11	5～8	18 000	15 000	83
2010	4.25	5～8	20 000	16 000	80

表 8-8　2007—2010 年卵形鲳鲹投入及产出情况

年份	苗种支出/万元	饵料支出/万元	其他支出/万元	销售收入/万元	利润率/%
2007	30	732	200	1 500	56
2008	90	1 550	250	2 300	21.7
2009	151.2	2 268	280	3 500	29.7
2010	219	3 150	300	5 000	36.3

从表 8-7 和表 8-8 中可以看出，深水网箱养殖卵形鲳鲹在投苗规格基本一样的情况下，养成成活率相差不大，其利润率与销售价格成正相关。2007 年利润达 56%为当年的苗种价格及饲料价格处于较低状况。从 2008 年开始，饲料价格不断攀升，商品鱼价格一直徘徊不前，企业的利润率也不高。从 2010 年开始，卵形鲳鲹商品鱼市场需求出现旺盛，价格也一直走高，故利润率在顶着饲料价格不断涨价的情况下，也在逐步回升。

（三）走可持续发展道路，提高深水网箱经济效益

深水网箱养殖卵形鲳鲹是高密度、集约化的养殖方式，养殖全程都在使用全人

工配合饲料，如何科学合理地投喂也是控制成本的关键因素之一。表8-4中所述的投喂量及投喂次数为多年总结的经验结果，当然这也要充分考虑季节、水温等具体因素。

选择合理养殖密度，加强营养基础研究，避免饲料质量不稳定问题，降低饵料系数，降低生产成本，并准确把握市场供求信息，是实现降低养殖风险、提高经济效益的有效途径。逐步实现抗风浪网箱养殖向远离海岸发展，拓宽生产空间，减轻环境压力，进一步解决近岸港湾养殖密度过大、环境污染、病害蔓延，产量低、效益差等问题；通过提高网箱性能及自动化程度和养殖技术集成，建立卵形鲳鲹规模化健康养殖环境友好型技术体系，实现卵形鲳鲹深水网箱养殖健康高效、安全环保、持续稳定发展的良好局面。

把握好已有的品牌优势，提高品牌在国内外市场的知名度，发挥好知名企业、著名品牌的示范带动作用，提高水产品竞争力，并争取获得国家地理标志证明商标的水产品品牌，逐步规范生产标准、信息服务和包装标识，尽快形成品牌资源共享、统一管理使用的运作机制，切实做强生态渔业品牌，提高水产品附加值，并提升贸易话语权，最终达到防范养殖风险的目的。

通过转变方式和调整结构，使现代加工技术和加工工艺逐步取代传统落后的加工方式，水产品加工从传统的冰鲜冻品逐步向熟制品、小包装、具有高附加值的精深加工产品转化，也将是养殖业者防范风险提高经济效益的对策之一。逐步培育水产品精深加工龙头企业，拉长渔业产业链条，加大高附加值的精深加工产品比重。鼓励发展规模经营、精深加工，避免低水平重复建设，积极探索发展现代休闲渔业方式，提升产品利润空间。

第九章　网箱养鱼的环境保护

第一节　网箱养鱼对生态与环境条件的要求

正如第三章第一节中提出的对网箱养鱼海区条件有其选择要求，特别是对养殖海区的水文和水质要素，主要包括盐度、潮流、浪高、底质、水温、溶氧量（DO）、化学耗氧量（COD）、生物耗氧量（BOD_5）、叶绿素 *a*、pH 值和污染等因素；对养殖地的气象要素，主要包括气温、光照、风、降水量和台风、风暴潮等因素，都有其特定要求标准。否则，就难以实现深海网箱养鱼的预期目标和达到可持续发展的目的，以上生态与环境条件的要求，基本上已在第三章第一节中做过阐述，所以本章节就不再重复。

由于深海网箱养殖暖水性鱼类对海水水质要求较高，总体上要符合无公害水产品产地环境要求（GB/T 18407.4），该标准的具体要求：①养殖地应是生态环境良好，无或不直接受工业“三废”及农业、城镇生活、医疗废弃物污染的水（地）域；②养殖地区域内及上风向、灌溉水源上游，没有对产地环境构成威胁的污染源（包括工业“三废”、农业废弃物、医疗机构污水及废弃物、城市垃圾和生活污水等）；③水质要求符合渔业水质标准 GB 11607 的规定（表 9-1）；④底质无工业废弃物和生活垃圾，无大型植物碎屑和动物尸体；⑤底质无异色和异臭（表 9-2）。

表 9-1　渔业水质标准　　mg/L

序号	项目	标准值
1	色、臭、味	不得使鱼、虾、贝、藻类带有异色、异臭、异味
2	漂浮物质	水面不得出现明显油膜或浮沫
3	悬浮物质	人为增加的量不得超过 10，而且悬浮物质沉积于底部后，不得对鱼、虾、贝类产生有害的影响
4	pH 值	淡水 6.5~8.5，海水 7.0~8.5

续表

序号	项目	标准值
5	溶解氧	连续 24 h 中，16 h 以上必须大于 5，其余任何时候不得低于 3，对于鲑科鱼类栖息水域冰封期其余任何时候不得低于 4
6	生化需氧量（5 d、20℃）	不超过 5，冰封期不超过 3
7	总大肠菌群	不超过 5 000 个/L（贝类养殖水质不超过 500 个/L）
8	汞	≤0. 0005
9	镉	≤0. 005
10	铅	≤0. 05
11	铬	≤0. 1
12	铜	≤0. 01
13	锌	≤0. 1
14	镍	≤0. 05
15	砷	≤0. 05
16	氰化物	≤0. 005
17	硫化物	≤0. 2
18	氟化物（以 F 计）	≤1
19	非离子氨	≤0. 02
20	凯氏氮	≤0. 05
21	挥发性酚	≤0. 005
22	黄磷	≤0. 001
23	石油类	≤0. 05
24	丙烯腈	≤0. 5
25	丙烯醛	≤0. 02
26	六六六（丙体）	≤0. 002
27	滴滴涕	≤0. 001
28	马拉硫磷	≤0. 005
29	五氯酚钠	≤0. 01
30	乐果	≤0. 1
31	甲胺磷	≤1
32	甲基对硫磷	≤0. 0005
33	呋喃丹	≤0. 01

表 9-2 养殖海域底质有害有毒物质最高限量

物 质	指标 mg/kg（湿重）
总汞	≤0.2
镉	≤0.5
铜	≤30
锌	≤150
铅	≤50
铬	≤50
砷	≤20
滴滴涕	≤0.02
六六六	≤0.5

第二节 网箱养鱼对养殖海区的环境影响

深海网箱养鱼与海湾网箱养鱼相比较，其优势在于它的养殖环境容量大，水质较好，海域自净能力较强。但是，再怎么有其自然优势，在超环境容量的条件下盲目发展深海网箱养鱼，同样会对养殖海区造成环境污染和压力，主要表现为污染养鱼生态环境、水质和底质 3 个方面。

一、污染养鱼生态环境

一般说来，网箱养鱼输出的废物主要包括残饲、养殖鱼类代谢产物、化学药品、网箱污损生物脱落物和生产管理人员的生活垃圾。

（一）残饲污染

在网箱养鱼的过程中，由于投饲量掌握难以做到十分准确，同时还受到饲料剂型、投喂方式、风速、浪高以及海流和潮水等因素的影响，残饲是不可避免的，据有关研究显示，在网箱养鱼实践中，饲料的利用率还是相对较高的，一般可达 70%~85%，即使这样，仍然会有 15%~30%的饲料影响了海洋环境。

（二）鱼类代谢物污染

养殖鱼类的代谢废物包括排粪、排泄和分泌物，研究表明，网箱养鱼过程中投入的饲料约 80%的氮被鱼类直接摄食，摄食的部分中仅约 25%的氮用于鱼类的生长，其余65%用于排泄，10%作为粪便排出体外。养殖鱼类的粪便及排泄物进入养殖水体后形成了大量的POC和DOC，进入微食物链循环中，消耗大量的氧气并导致养殖水体溶解氧下降，最后矿化为无机营养盐造成水体的富营养化，或沉积于养殖水体的底部。

（三）化学药品的污染

在网箱养鱼中为了防治病害、清除敌害生物、消毒和抑制污染性生物，使用化学消毒剂和相应的药物是不可避免的。因此，这些药物和消毒剂等，已成为影响海洋环境的重要因子，更为严重的是有些药物残留会直接影响到养殖产品的质量安全。

（四）网箱污损物和防污损污染

网箱养鱼过程中网箱上会附生大量的污损生物，在清理时污损生物会大量脱落而造成网箱养鱼的环境污染。此外，为了预防网箱污损生物的附生，常在网具表面添加防污损涂料，有的涂料本身就是污染物质。

（五）生活垃圾排放

网箱养鱼生产和管理人员，每天都有大量的生活垃圾产生，如不加以管理，这些生活垃圾未经任何处理而直接排入养殖水域，必将影响养鱼生态与环境。

二、养殖水体水质的污染

由于网箱养鱼输出的废物——残饲、养殖鱼类代谢产物、化学药品、网箱污损生物脱落物和生产管理人员的生活垃圾等的污染作用，超过海域的天然自净能力时，养鱼海域水体水质的营养盐（总磷、总氮等）、悬浮物、溶解氧、有机耗氧量就会升高，造成污染。

经测定广东大鹏湾南澳网箱养殖区水体中亚硝酸盐氮含量最高时达10 129 μmol/L、铵态氮含量达4 192 μmol/L；浙江象山港海域网箱区水体中亚硝酸盐氮和铵态氮含量明显偏高；海南陵水县新村港1993年6月13—14日夜间，1 496只网箱养殖的59. 7万尾石斑鱼和紫红笛鲷等名贵鱼类在平潮的半小时内窒息死亡，现场测定海区水体总氮含量为95. 9 mg/L，活性磷含量为8 μg/L。国外研究表明，高密度的鱼类养殖常造成环境中磷酸盐浓度的升高，每产出1 t鱼，每年环境中的磷负荷就增加19. 6~22. 4 kg。水体中亚硝酸盐氮、铵态氮和磷酸盐等营养盐含量超标，是造成海洋赤潮灾害发生的物质基础之一，所以，在发展网箱养鱼中，严格控制海域的养殖容量是相当重要的。

由于深海网箱养鱼对周围海域水体水质影响的研究起步较晚，资料积累也不多，还不足以说明问题。新近的浙江舟山海域抗风浪网箱养鱼初步研究认为，养殖海区化学耗氧量、pH 值、溶氧量、5 d 生物耗氧量等指标符合一类或二类国家海水水质标准，但营养盐含量与非网箱养鱼海区同样都存在严重超标现象。各养殖海域与对照点对比，各化学指标数值相差不大，基本属于同类水质，说明深海网箱的短期养鱼行为尚未对水质造成严重污染。

三、对养殖底层水体和底质生态环境的污染

网箱养鱼的残饲、养殖鱼类代谢产物、网箱污损生物脱落物和生产管理人员的生活垃圾等，会增加海域中悬浮物和沉积物的含量。据国外研究计算，每生产 1 t 鱼会产生 1.36 t 颗粒物（尚未包括污损生物的沉积量），它们一般都最终沉积在离网箱不远的海域。水体中颗粒物质的增多对网箱养鱼海域的不利影响主要表现为以下 4 个方面：①由于水体中颗粒物增多使水体的透明度降低，影响养殖鱼类的视觉而可能导致残饲量增加，恶化海域环境；②颗粒物质可能会阻塞养殖鱼类的呼吸系统造成鱼病增多；③颗粒物质的沉积，还会导致海域底质化学特性及底栖生物群落结构的改变；④大量沉积物的分解释放—沉积过程必然影响水体环境，特别在海底处于厌氧状态的厌氧降解生产硫化氢、氨等有害物质，而危害海洋生态平衡。据海湾网箱养鱼研究资料，养鱼网箱下部沉积物代谢强度 10 倍于对照区，经多年养殖之后，在网箱养鱼区中央部位沉积物的年均累积速率约为 25 cm/a，污泥厚度可超过 1 m，沉积物呈黑色，少有底栖生物分布。

第十章 深远海抗风浪网箱养鱼发展趋势

深海网箱因具备抗风浪性能良好、养殖环境良好，养殖品种生长速度快、病害少、成活率高、产品质量高，养殖规模大、现代化程度和经济效益较高，便于集约化、规模化生产，有利于海洋生态环境保护等特点，从 20 世纪 70 年代以来，在一些发达国家得到迅速推广，目前挪威是世界上深海网箱养殖最先进的国家，日本、希腊、英国、美国等国也取得了引人瞩目的进展。

20 世纪 70 年代，挪威成功研制出“高密度聚乙烯（以下简称 HDPE）框架重力型深水网箱养殖系统”和开发出大西洋鲑生产性育苗后，使得其海水网箱养殖从近岸养殖发展到离岸养殖，深海网箱养殖得到迅速发展，成为目前世界上发展深海网箱养殖最先进的国家。深海网箱养殖模式的出现，使挪威三文鱼年产量从 1970 年的 100 t 发展到 2004 年的 63 万 t，增长 6 000 余倍，经济效益显著。

我国深海网箱养殖起步较晚，1998 年海南率先从挪威引进了一组 HDPE 浮式深水网箱，此后，广东、浙江、福建和山东等省也陆续引进，开展深海网箱养殖示范并取得了良好的经济效益。但引进的设备价格昂贵，维护困难，大量引进用于养殖生产不适合我国国情。从 2000 年开始，为了发展我国沿海的深海网箱养殖业，国家和地方先后启动了有关研发具有自主知识产权的新型深水网箱的科研项目，如国家“863”计划项目、国家科技支撑计划、农业部现代渔业项目及国家海洋局专项项目等，投入大量的人力、财力和物力开展科研攻关，使得我国深海网箱养殖技术，得以成功实现本土化，甚至在一些技术层面已经实现了从“跟跑”到“并跑”再到“领跑”的飞跃。

近年来，深海网箱养殖在我国得到了迅速推广，并取得了显著的经济、社会和环境效益。据不完全统计，至 2010 年年底，我国已有超过 5 000 只深海网箱进行养殖生产，主要集中于海南、广东、浙江、福建和山东五省，其中浙江省约 1 200 只，以浮绳式网箱和 HDPE 浮式网箱为主；福建省约 400 只，以 HDPE 升降式网箱和浮式网箱为主；山东省约 800 只，以方形金属网箱和 HDPE 浮式网箱为主；海南省约 2 000 只，以 HDPE 浮式网箱为主；广东省约 500 只，以 HDPE 浮式网箱为主；广西壮族自治区约有 100 只，以 HDPE 浮式网箱为主。

目前深海网箱有以下几个发展趋势：①设施装备向外海、大型化、智能化发展，高新技术被大量应用，提升养殖的科技含量、现代化和自动化程度；②养殖生产向集约化、规模化发展，带动苗种、饲料、加工、运输及休闲渔业等多个关联产业的发展，逐渐形成集育苗、养成、加工、冷藏运输于一体的产业链集群。

第一节　设施装备向外海、大型化和智能化发展

深海网箱养殖的箱体向大型化和超大型化发展，从周长 40 m 的网箱，发展到周长 120 m 的大网箱，最近正在开发周长 180 m 的超大网箱，网衣深度达 20 m，网箱容积达数万立方米。2018 年，由中国船舶重工集团牵头开发的大型网箱，工作水深 55 m，可抗 17 级台风，装备高 75 m，直径 120 m，整个养殖水体为 25 万 m^3，仅网衣面积就等同于 7 个足球场，该网箱每年成品鱼产量可达 6 000 t，相当于 500~600 个传统的周长 40 m 网箱的总产量。

养殖海域从传统的水深 15 m，逐渐向更远更深的外海拓展，有效地缓解了由于近岸港湾海域养殖设置密度过高而造成的环境压力。由于养殖水域较深、流速大、水体交换好，养殖的环境更接近自然，养殖整个过程基本不使用化学药品，仅在鱼苗下海阶段进行简单的消毒（可采用淡水浸泡消毒），鱼在箱体内活动范围广，成活率高，生长快，鱼病少，易康复，自然饵料多，用饵少，养殖的产品更接近天然鱼，整个养殖模式重视环境保护和食品安全。

深海网箱养殖设施向智能化发展，打造大型智能渔场，主要包括网箱数字化设计、装备自动化控制、养殖数字化、可视化管理等。网箱的数字化设计是实现养殖设施高效率、高质量和高标准的重要保证，通过计算机软件（如挪威的 RIFLEX、AquaSim 软件，美国的 MOSES、AquaFE 软件等）对网箱进行设计，对网箱的结构力学、在海洋中的流体力学进行模拟分析，为网箱的实装下海提供技术支撑，大大降低了网箱开发应用的风险，提升了装备的性能，加快了网箱向外海和大型化发展。

装备自动化控制为网箱向更远更深的外海拓展提供了可能，网箱上搭载鱼苗计数器、疫苗注射机、鱼类大小分级筛选系统、真空活鱼起捕机、起网机、自动投饵系统、数字化监测系统、可视化远程管理系统、网衣清洗机、小型发电机和养殖工船等，使养殖过程操作变得简单易行，大大减少了人工劳作。如挪威研制的 Akvamarina 自动投饵系统，由电脑远程控制，可同时实现对 40 个网箱的远程投饵操作，最大投喂量 11 520 kg/h，最大输送距离 1 400 m，减少了人工开船出海喂鱼的劳作和成本，只需定期补充养殖平台料仓饲料即可。爱尔兰 FLUID 公司开发的离心

吸鱼泵，大大缩短了渔获时间，减少了传统捕鱼操作网衣对鱼体的损伤，保证了鱼体的完整，提高了鱼的卖相及品质，增加了经济效益。

数字化和可视化管理是实现网箱养殖现代化的必要，网箱上搭载水质监测等设备，可有效地监测养殖环境的水文和水质要素，主要包括潮流、浪高、流速、盐度、水温、溶氧量、生物耗氧量、氨氮、亚硝酸盐、pH 值和污染等，实时收集气象数据，主要包括气温、光照、风、降水量和台风、风暴潮等。通过对鱼养殖环境理化因子的数字化监测，对鱼摄食、游动的可视化观察，可以判断鱼的生长情况、发病与否，可实现实时监测，根据鱼的生长、食欲、水温、气候变化和水体残饲多少来及时调整投料计划，组织鱼的分箱、洗网换网、清理死鱼及网箱周边的生活垃圾等，预防病害、缺氧、漏网逃鱼、赤潮、恶劣天气等，保障生产的顺利进行。数字化也是实现软硬件一体化的基础，能使远程操作系统和网箱上搭载的设备衔接，实现远程操作，另外数据流能有效地串联苗种、养殖、销售、加工、运输、休闲渔业等环节，打通产业链的上下游，提高经济效益。

深海网箱多布局在外海深水海域中，风浪一般较大，且多受台风等恶劣天气侵害，所以网箱必须具有可靠的抗浪性能，这是保证养殖安全的前提。目前国内外多参与被动抗浪方式，即利用网箱自身框架的结构强度和锚定结构抵抗风浪，由于海上风浪的不确定性和装备安装施工中的不规范性，很难保证网箱的结构强度和锚泊系统的安全可靠。最新的发展趋势是采用主动抗浪方式，即遇到风浪超过一定程度时，网箱主动下潜到水下躲避风浪，减小风浪对网箱的影响，保证养殖鱼类的安全。主动升降抗浪方式需要一定的养殖水域深度，网箱逐渐向外海、深远海拓展，正好契合了升降式网箱的需求。在 20 m 深的海域，在 14 级以上的台风大浪下，海底的浪流也是相当巨大的，即使网箱下沉，也很难有效抵御台风大浪的冲击。一般需要水深在 30 m 以上，网箱下潜 10 m 以上才能躲避 12 级左右的台风或 5~6 级的大浪。目前大部分网箱通过网箱浮体进水排气来实现网箱的升降，即主浮管进排水实现网箱升降。

深海网箱一般距离陆地较远、海上风浪较大，而且网箱要实现升降抗浪、自动投喂、筛鱼清网、远程监控、信息传输等功能，能量动力来源尤为重要。目前最常用的方式是外部能量供给，一种方式是用电缆供电，随着网箱不断向外海和深远海拓展布局，使得距离陆地越来越远，海底电缆铺设成本会变得非常高；另一种方式是配置柴油发电机，随着网箱的规模不断增大，网箱上搭载的自动投饵系统、升降系统等所需的功率会越来越大，柴油发电难以为继，且增加养殖人工和设备成本，又不环保低碳。如何实现深海网箱系统的能量供给是目前一个研究发展趋势。目前一方面研究是利用海上风能和太阳能为网箱系统供能，但风能和太阳能不稳定，且未进入实用阶段；一方面研究是利用海流能、波浪能和温差能为网箱系统供能，海洋中的波浪能、海流能、海底温差能的能量密度远远大于风能和光能，且规律性强，间隔时间短，是一种有待开发利用的可再生能源。如在网箱周围安装低流速启动的发电系统，既能捕获波浪能，又能捕获海流能；在500 m以上水域布置温差能发电系统，通过底层4℃的海水与表层28℃左右的海水产生的温差能发电，再通过海底电缆向网箱供能，远比从陆地铺设电缆要短，且温差能是可再生能源，低碳环保可持续。

第二节　养殖生产向集约化和规模化发展

随着深海网箱养殖的箱体向大型化和超大型化发展，养殖设施向智能化和数字化发展，渔获量从几吨发展到上百吨乃至上千吨规模，良好的经济效益催生深海网箱养鱼不断向着网箱制造、苗种培育、成鱼养殖、加工流通、休闲渔业等行业辐射，逐渐形成了集约化、规模化和大型产业化的产业集群。

网箱养殖是产业集群的核心，且关联度高，能带动相关行业的发展，形成庞大的产业集群，不同行业依靠各自内在的产业链与外部协调，形成巨大物流，从而带来庞大的市场需求。其中深海网箱制造产业链包含有：塑胶成型设备、塑胶原材料、网箱成型设备、网箱养殖配套设施、网箱现场安装和维护等。深海网箱养殖产业链包含有：种苗、品种选育、养殖技术和饲料。深海网箱产品流通产业链包含有：加工业、物流业和信息服务业等。

一个周长40 m（实际为43 m）的深海网箱组合由4只网箱组成，需要PE主构架环形管材约360 m和护栏环形管约720 m，绳索约1 800 m，铁锚12个约12 t，锚链324 m约10 t，浮桶21个，其他配件如卸扣等数以百计。制造1只网箱至少涉及网箱材料、加工制造、机电设备以及养殖船舶等多个行业。

一个周长40 m的深海网箱组合，可放养大规格卵形鲳鲹鱼苗5万尾或军曹鱼苗5 000尾，按养成率80%计，养成商品鱼需饲料（人工配合饲料）40 t（以卵形鲳鲹计）以上。深海网箱养殖至少涉及网箱养殖、苗种培育、饵料加工、病害防治、水产品加工以及休闲旅游等多个行业。

一个周长40 m的深海网箱组合，年产鱼约80 t，网箱养殖产品向终端市场销售的过程将带动更庞大的加工、物流、服务业和旅游观光业等市场需求，产生强大的经济带动效应。

水产养殖作为农业的一部分，同样受到季节时令的影响，即养殖成品会存在集中上市的现象。众所周知，在市场经济下，商品的价格受供求关系的影响，当养殖成品集中上市会导致价格下降、销售困难等问题。目前，我国网箱养殖除了内销外，主要用于出口，且出口都是以条冻为主，产品较为单一。出口顺利的时候，内销的压力相对较小，一旦出口受阻，养殖规模短期内难以缩减，内销压力极大，价格猛跌，很有可能造成市场混乱，网箱养殖行业萎缩。

我国深远海网箱养殖业养殖品种单一，销售产品单一，销售渠道狭窄，极其不利于产业的持续稳定发展。因此深远海网箱养殖业发展趋势是拓展上下游，全面发展网箱养殖相关的鱼苗育种、饲料生产供应、设备制造、养殖产品深加工和产品出口贸易等，延长产业链，壮大产业规模。

筛选和增加适合深海网箱养殖的优良品种，鼓励发展规模经营、精深加工，避免低水平重复建设，最终提升产品的利润空间和贸易话语权。通过转变方式和调整结构，使现代加工技术和加工工艺逐步取代传统落后的加工方式，使水产品加工从传统冰鲜冻品逐步向熟制品、小包装、具有高附加值的精深加工产品转化。逐步培育水产品精深加工龙头企业，拉长渔业产业链条，加大高附加值的精深加工产品比重，提高综合产物的利用率。

配套建立苗种、饲料、鱼药、养殖和加工等多层次的信息流通体系，相关主管部门要注重市场信息平台建设，为广大网箱养殖产业从业人员及时提供市场信息，利用现代科技手段支持市场的有效运行，规范市场秩序，加快产品市场流通步伐，大力开拓国内国际两大市场，不断提高产品市场的占有率，形成与市场经济相适应的水产市场流通体系。

第三节　网箱养鱼的可持续发展策略

深海网箱作为一种新型的养殖模式，具有高投入、高回报、高风险的特点，为实现深海网箱养鱼的可持续发展，其对策措施主要有以下几方面。

一、合理网箱布局和控制养殖容量

设置深海网箱养鱼时应综合考虑海区的各种环境因素，如底质、风浪、海流、水深、水质、浮游生物丰富程度、养殖鱼类种类和网箱类型等。底质不同，对沉积物的吸附和释放能力也不同，在释放污染物方面砂质底质最快，粉砂质底质次之，淤泥质最慢。因此，在设置网箱时，应选砂质底质，海底较为平坦，潮流畅通，有一定流速，水深 20 m 左右，水质清新，常年风浪小，污染少，环境容量较大的海区。养殖容量要根据水域的面积和流动性来确定，同时对养殖水质进行监测，调整网箱设置和养殖规模，避免造成水质污染。网箱布置密度，按海南岛近海的海况，总体布局（养殖容量）约为每2 km可布置1个鱼年产量为15 t（10 kg/m^3）的深海网箱。对于局部海域，网箱养殖面积不要超过海区可养殖面积的20%，网箱间最小距离不小于50 m，相邻网箱组之间间隔大于500 m。值得注意的是，在渔业用海功能区之外，不可布局深海网箱，以免影响航行、锚地、电缆、管道、旅游景观、排污、军事设施等。为了减轻深海网箱养鱼对环境的污染压力，可以采取定期更换养殖海区和场所的办法，给环境以恢复更新的时间，避免养殖海区过度污染。

二、调整饲料结构，改进投饲技术

目前，不少网箱养鱼者使用的饲料，是就近海海域捕捞上来的下杂鱼类，以下杂鱼为饲料的问题较多：①营养不合理，造成资源浪费，增加成本；②传染疾病，降低养鱼成活率；③其残饵会给水体及底质环境造成氮、磷、有机物等污染，并最终导致海区生物群落结构的变化。所以，要限制使用以下杂鱼作为网箱养鱼的饲料，提倡和推广使用人工配合的全价营养饲料，这样不仅降低了养殖成本、减轻病害的横向传染和水体环境污染，而且从长远来看还减少了对生物群落结构的不利影响。

网箱养鱼中饲料的投喂方式对提高饲料利用率影响较大，科学投饲讲究的是定时、定量、定质和定点的“四定”投饲法。人工投喂难以做到“四定”，而采用计算机控制的智能投喂方式可以精确实现“四定”投饲法，它可以根据鱼的生长、食欲及水温、气候变化和水体残饲多少来投饵，通过声呐、电视摄像及残饲收集系统来自动校正投喂量，可以自动记录逐日投饵时间、地点及数量，且传感器能探测出未被摄食下沉的饲料，能及时向计算机发出停止投饲的信号，从而有效地避免饲料的浪费，并减少过多的残饲对环境的污染。深海网箱养鱼是高技术集约化和现代化的养鱼方式，自然应推广采用电脑控制的智能投饲技术。

三、以市场为导向，适度规模，整体管理

深海网箱养鱼发展规模取决于市场的需求，所以，要注重建设苗种培育-饲料生产-网箱健康养鱼-高值加工-市场营销产业化体系，必须根据市场需求注重水产品的精深加工和产品质量安全，实施精品战略。提高产品市场的竞争能力，是发展规模经济最基本的原则之一。所以，须造就一批产品优势突出、带动力强、经济实力雄厚、国际市场竞争力强的龙头企业，为深海网箱渔业的持续发展提供有力的

保障。

深海网箱渔业是集约型渔业，一个或一组网箱的苗种放养量、饲料用量、产品量都较大，产业链各环节的衔接也很紧凑，一旦失控所造成的损失较大，所以，规模的大小，各环节之间衔接的紧密程度，对养殖效果影响会是很大的。在海南具体条件下，对深海网箱渔业进行整体管理，合理渔业规模，将网箱制作、苗种培育、饲料生产、病害防治、成鱼健康养殖、产品加工、食品安全、市场营销等各产业环节应紧密组合成为一个完整的深海网箱渔业产业链，直接关系到这个产业的盛衰。

四、保护环境，优化质量

加强渔业资源及渔业生态环境的保护，严控网箱养殖海域养殖容量，要走可持续发展之路。近海水域污染日趋严重，合理布局深海网箱养鱼，不仅关系到自身养殖产品的质量安全，而且与海域环境保护休戚相关。所以，在规划深海网箱养鱼时必须对设置海域进行环境评估论证，对海域环境现状、污染趋势、海洋动力状况、养殖容量、水域承载能力、发展前景等进行调查研究，作出全面评价。

深海网箱养鱼属于高科技、高投入、高风险、高产出、高效益的现代化海水养鱼新方式，对环境和养殖种类的质量要求都较高，市场定位也较高。所以，对养殖海区的水质、底泥、苗种、饲料、渔药、产品加工等各个产业化环节的生产全过程的质量检验和监督管理必须考虑与国际标准接轨。建议执行国际上普遍认可的“危害分析与关键控制点体系（HACCP）”的水产品质量安全认证，建立水产品的质量标准和认证体系、检验检测体系、各生产环节的技术操作规程和监督管理法规。

五、实行科学管理

由于深海网箱养鱼是高密度和集约化作业，若布局不够合理，容易导致海区水体及底质环境不断恶化。因此，制定切实可行、科学合理的深海网箱养殖规划、实行科学管理势在必行。应大力扶持和促进人工配合饲料工业的发展，逐步引导养殖户从以下杂鱼为饲料为主向人工配合饲料为主过渡，调整饲料结构与营养成分的比例，控制饲料的损失率。对养殖户使用的抗生素、化学药品等违禁药物应给予耐心指导与帮助，防止药物的使用对水产品和水体造成污染。要调整优化深海网箱养殖结构，控制养殖的规模与密度，加大对海区养殖容量的研究，做到统筹规划，合理引导，以实现经济效益与生态效益的有机统一，做到人与自然的和谐统一。

六、加强法规建设，实行全程质量监控

深海网箱渔业产业链的质量监督管理是个系统工程，是涉及投入品、养殖、加

工、流通、管理的系统工程。为了切实做好这项工作必须建立、健全水产品质量监管的三大体系——法律保障体系、技术支撑体系和行政执法体系，具体包括标准法规体系、技术服务体系、检测与监控体系、培训教育体系、应急反应体系、执法认证体系 6 个体系。与此同时，还必须全面建立和推进准入制度——生产准入、市场准入，使生产和市场的全过程置于全面的准入制度之下，为此还要建立信息监管系统。

企业是实施水产品质量安全行动计划的主体，必须调动企业加强质量保证能力的积极性，让企业承担更多的责任，而不是靠政府机构包揽企业的管理。

第四节　三沙发展深远海养殖的有关建议

2012 年 6 月 21 日，国务院正式批准撤销海南省西南中沙办事处，设立地级市“三沙市”，管辖西沙群岛、中沙群岛、南沙群岛的岛礁及其海域，涉及岛屿面积 13 km^2，海域面积约 200 万 km^2。三沙海域岛礁中拥有众多的潟湖，其中南沙群岛 35 个，面积约 362 802 hm^2；西沙群岛 8 个，面积约 91 688 hm^2。优越的自然条件、丰富的岛礁潟湖是未来三沙海洋渔业发展的方向。

近年来，海南在海水养殖方面取得了长足的发展。据统计，2012 年海南省水产品生产总量 188 万 t，渔业增加值达 216 亿元，其中海水养殖的产量及产值分别占海南水产养殖的 35%和 64%。深水网箱养殖的快速发展为海南水产养殖发展注入了新的活力，已成为海南调整海洋渔业产业结构，增加渔民收入新的经济增长点。三沙市的设立，其广阔海洋除了捕捞作业外，在礁盘具有潟湖海域开展深水网箱养殖，将是开发三沙渔业资源最有效的补充方式之一。因此，成功开发三沙深水网箱养殖，必将为加快推进三沙乃至海南省的海水养殖产业化革命，实现海水养殖业规模化、集约化、产业化和海洋牧场化的战略目标发挥更重要的作用，同时也是国家在南海地区开发自然资源、实现南海战略的一种重要途径。

一、三沙海域网箱养殖概况

三沙海域复杂的海况、海流条件、养殖饵料供应及装备技术水平决定了网箱养殖只能在具有口门的潟湖中进行，目前涉及网箱养殖的企业主要集中在西沙海域和南沙海域。

（一）西沙海域网箱养殖情况

西沙群岛是我国主要的热带渔场，位于广阔南海的西部，为南海诸岛中最西的一群岛屿，分为宣德群岛和永乐群岛两大群组。远在2000多年前就有我国渔民从事渔业活动的足迹。中华人民共和国成立后，海南琼海的渔民就在永兴岛上建起了水产后勤报务机构，使远航的渔船有了自己的家。近20年来，随着海洋渔业技术的发展，广大的渔民除从事传统的捕捞作业外，在广阔岛礁潟湖从事海水网箱养殖者也应运而生。2010年9月，海南琼海时达渔业有限公司利用自筹资金在永乐群岛石屿海域投放了130只7 m×7 m×7 m的方形镀锌管网箱，同时也在永乐群岛的晋卿岛上配套建设了3个可容纳80 t小杂鱼的冷库及饲料粉碎机，主要养殖品种为石斑鱼、军曹鱼等高值鱼类，2014年海南省海洋与渔业科学院在该海域设置40 m周长HDPE浮式网箱12只，主要开展海水鱼类养殖试验和亲鱼培育。

（二）南沙海域网箱养殖情况

南沙群岛位于南海南部海域，是岛屿滩礁最多、散布范围最广的一组群岛，养殖条件得天独厚。但由于受各种因素制约，长期以来没得到合理有效的开发，是全省乃至全国有待开发利用的处女地，开发潜力巨大，如果有效地开发利用，将为全省甚至全国带来巨大财富。2000年3月，农业部南海区渔政局组织有关科研院所，启动南沙群岛美济礁潟湖生态学及网箱增养殖技术研究课题，开始了我国远海珊瑚礁潟湖网箱养殖的首次探索。课题研究、论证了美济礁潟湖网箱养殖的科学性和可行性。2002—2004年间，美济礁潟湖网箱养殖逐步由科研性养殖研究向生产性养殖试验转变。开展以生产为目的的军曹鱼、眼斑拟石首鱼养殖，并获成功。在累积了远洋热带珊瑚礁海域渔业养殖及品种试验的宝贵经验后，当年海南省水产研究所受南海区渔政局委托编制了《南沙美济礁养殖规划》指导企业规范养殖。

从2007年起，海南京太渔业有限公司和临高泽业南沙渔业开发有限公司联合，以成本独立核算，自负盈亏的方式开始经营美济礁渔业养殖，逐步完善美济礁养殖设施配套，并投放军曹鱼、石斑鱼类等苗种，总投入超过1 000万元。2009年首次获得收成，商品鱼销售近170万元。

目前，海南富华渔业开发有限责任公司在美济礁潟湖布设了10个直径12 m的圆形深水网箱和52只4 m×4 m的方形网箱，一次性投苗可达10万尾。而且配备了两艘多功能养殖船、（其中一艘达1 300 t），防鲨网、粉碎机、发电机、防台风柱、锚链、电焊机等养殖设施；聘用近30名经验丰富的养殖员工，已初步建成规模化的、功能相对完善的南沙渔业养殖基地。主要养殖品种以石斑鱼类、军曹鱼、鲷科及笛鲷科为主，同时还兼养少量波纹唇鱼。

三沙海域网箱养殖经过多年的发展，尤其是西沙和南沙海域积累了较为丰富的经验，也产生了一定的经济效益和社会效应，但受三沙海域特殊地理环境因素的影响，整个产业仍处于起步阶段，未来的发展任重道远。

在三沙海域开展深水网箱养殖具有巨大的发展潜力，同时也存在着一定的风险，如何化解风险，充分挖掘潜力，是当前及以后在三沙海域从事网箱养殖者须引起高度重视的问题。

二、发展潜力分析

（1）三沙海域发展深水网箱蓝色农业空间巨大。我国有限的内陆水土资源将难以担负水产品生产总量需求持续增长的负荷，开发蓝色国土资源成为必然。受生态环境恶化、沿岸工程以及过度捕捞的影响，我国海洋水产生物资源总体上处于衰竭状态。开发蓝色国土资源，保障水产品供给必须以发展蓝色农业为核心，在三沙大力发展深海网箱养殖业与放牧型海洋渔业，是弥补海南蓝色农业经济的有效手段之一。

（2）三沙海域深海网箱养殖因远离陆基，考虑成本等因素，所养殖品种必然定位为高值鱼类，三沙海域优质海水所养殖的商品鱼，其品质可比自然捕捞鱼，通过打造“三沙”水产品品牌，可有效提升产品附加值。鼓励企业打造具有影响力的“三沙”有机水产品品牌，提高品牌在国内外市场的知名度，提高三沙水产品附加值，提升贸易话语权。

（3）以国家开发三沙旅游资源为契机，发展深海网箱养殖，提升南海岛礁的基础设施水平和后勤补给能力，把在深海中的网箱养殖与旅游观光产业相结合，可以起到很好的相互带动作用。

三、风险分析

三沙海域深海网箱养殖风险主要来自网箱抗风浪特性、养殖品种的选择、养殖病害防治及市场风险等方面。

（1）网箱抗风浪特性方面。网箱抗风浪方面可通过严格选用适合本区域发展的HDPE材料，合理的布局，选择不破坏海底珊瑚生态系统的锚固系统，提高配套装备技术水平来防范。

（2）养殖品种选择方面。卵形鲳鲹为南方深水网箱养殖的主要品种，经过这些年的发展沉淀，已为深海网箱产业的发展做出巨大的贡献，但随着时间的推移，该品种已出现种质退化、市场价格走低的风险，加上在三沙海域养殖远离陆地，供给、运输等问题无形中增加了大量的成本。故卵形鲳鲹不是三沙海域养殖的首选品种，应该选择龙胆、石斑鱼等高值鱼类进行养殖。

（3）养殖病害防治方面。鱼病是影响养殖成活率的主要因素，因深海网箱养殖密度相对较大，水体交换快，一旦发病，交叉感染速度快，病情难于控制，易造成大批量死亡。因此，病害防治必须做到以防为主，防治结合的原则。控制好合理的放养密度，充分考虑海区的养殖容量，可大大降低发病率。

（4）市场风险方面。深海网箱养鱼市场风险产生的原因复杂多样，带来的影响十分严重，有效防控市场风险，最大限度地减少市场风险的发生及带来的损失，促进三沙养殖产业健康可持续发展是当前我国在南海渔业发展中的重要任务。除了要对市场供求及容量进行较为准确的评估，找准原因，降低养殖成本，争取市场竞争主动权外，更重要的是充分发挥金融机构和政府财政的作用，建立养殖补贴、渔业保险、水产品市场风险基金等深海养殖业风险补偿体系。

四、三沙海域开展深海网箱养殖的发展策略

三沙海域发展深海网箱养殖，应按照构建“安全、高效、生态”的要求，开展集约化、规模化海上养殖生产体系的发展定位，参照海南本岛海域深海网箱养殖情况，以生态工程化网箱设施系统、构建网箱养殖基站为重点，通过技术研发与集成创新，提升深海网箱养殖整体性能，形成较为完善的深海网箱技术体系，笔者建议从以下几个方面入手。

（1）开展适养海区的调查，以三沙深海网箱养殖发展规划为指导，推广以大型企业为龙头经营为主的多种经营管理模式，积极引导有经验的企业参与深海网箱养殖，在政策上大力扶持，在资金上以项目的方式给予倾斜。

（2）充分发挥科技支撑引领作用，组织科技力量开展三沙海域深海网箱养殖关键技术攻关，包括苗种供应、苗种运输等问题，以解决生产中的困难。

（3）以现有深海网箱装备技术装配现有三沙海域的养殖企业，针对三沙海域珊瑚礁系统特性深入开展网箱配套设施研发，特别是深海网箱的锚固系统的研发，提升深海网箱的抗风浪和抗流能力，完善制作工艺，进一步提高深海网箱养殖的安全性。

（4）应用现代海洋工程技术，有针对性地研发大型网箱，构建海上平台，以平台为依托，形成深海网箱养殖为主的岛屿养殖基站，建立相对应的生产模式。

（5）优化现有装备技术，积极开发机械化、信息化的海上养殖装备与专业化辅助船舶，保障养殖生产的高效率运作，搭建研究成果共享平台，实现各环节技术的高位链接，提高养殖生产过程的自动化水平，降低劳动强度和生产成本。

（6）开发大型养殖工船，构建移动的网箱养殖体系。结合现代船舶工程技术，以网箱的模式改造大型船舶，构建游弋式海洋渔业生产与流通平台。应用陆基工厂

化养殖技术，使游弋的养殖工船能获取优质、适宜的海水养殖，同时能躲避恶劣海况与水域环境污染，在海上开展移动网箱集约化生产，以期达到南海海域资源开发和维护海疆的目的。

（7）建立完善的安全预警机制与事故应急救援系统。联合气象、环境、交通、海上救助等部门，形成一个综合的预警信息网，将实时监测的天气、潮差、海水水质等数据进行综合对比分析，及时发出预警警报，以保证养殖及生产人员的安全。

主要参考文献

常抗美，吴常文，王日昕，等. 2002. 大型深水抗风浪网箱的发展现状和鱼类养殖技术［J］. 浙江海洋学院学报（自然科学版），21（4）：369-373.

陈傅晓，等. 2011. 卵形鲳鲹深水网箱养殖风险对策分析［J］. 中国渔业经济，（4）：145-150.

陈傅晓，等. 2015. 海南深水网箱养殖业发展存在问题与基本［J］. 安徽农业科学，43（29）：59-61.

陈国华，张本. 2001. 点带石斑鱼亲鱼培育、产卵和孵化的试验研究［J］. 海洋与湖沼学报，32（4）：428-435.

陈国华，张本. 2001. 点带石斑鱼人工育苗技术［J］. 海洋科学，25（1）：1-4.

陈连源，赵汉星. 2005. 碟形升降式网箱的设计和制作［J］. 渔业现代化，（1）：39-41.

谌志新，等. 2001. 外海抗风浪网箱系统［J］. 渔业现代化，（3）：19-22.

冯全英，陈傅晓，等. 2013. 三沙海域发展深水网箱养殖探析［J］. 中国渔业经济，（3）：152-155.

福建省水产研究所，福建泉州市水产局. 2001 国产沉浮式抗风浪养殖网箱系统介绍［J］. 中国水产，（9）：56-58.

甘居利，等. 2001. 杨林湾网箱养殖海域溶解氧分布及其影响因素［J］. 海洋水产研究，22（1）：69-74.

郭根喜，陶启友. 2005 实用新型的聚乙烯塑料管网箱养鱼平台制作要点与配套设施［J］. 南方水产，1（5）：50-55.

郭泽雄. 2002. 近海浮绳式网箱养殖军曹鱼技术要点［J］. 科学养鱼，（2）：28.

何中央. 2001. 海水网箱养殖鱼类的饲料应用［J］. 中国水产，（9）：54-56.

黄滨，关长涛，林德芳. 2005. HDPF 深海抗风浪网箱的性价比分析与选择［J］. 渔业现代化，（6）：8-9.

黄洪辉，林钦，贾晓平，等. 2003. 海水鱼类网箱养殖场有机污染季节动态与养殖容量限制关系［J］. 集美大学学报（自然科学版），8（2）：101-104.

贾晓平. 2005. 深水抗风浪网箱技术研究［M］. 北京：海洋出版社，46-60.

蒋天水. 2001. 国外深水网箱养殖介绍［J］. 中国水产，（11）：54-56.

金卫红，周小敏. 2006. 深水网箱养殖海域水质状况评价［J］. 浙江海洋学院学报（自然科学版），25（1）：46-49.

黎祖福，等. 2006 南方海水鱼类繁殖与养殖技术［M］. 北京：海洋出版社，1-303.

李孔开，等. 2001. 近海浮绳式网箱养鱼［J］. 科学养鱼，（2）：24-25.

李祥木. 2001. 大型抗风浪深水网箱养鱼发展现状与趋势［J］. 现代渔业信息，16（12）：21-28.

林川，王小兵，黄海. 2017 卵形鲳鲹鱼种大型网箱阶梯式中间培育技术［J］. 热带生物学报，8

（04）：383-389.
林川，赵爽，黄海，等. 2017. 点篮子鱼深海网箱养殖试验［J］. 水产养殖，38（12）：4-6.
林德芳，等. 2002. 海水网箱养殖工程技术发展现状与展望［J］. 渔业现代化，（4）：6-9.
刘红喜，陈傅晓，余光明，等. 2013. 深水网箱新型锚泊分体锚试验初报［J］. 现代农业科技，（01）：245-248.
刘鉴毅，章龙珍，庄平，等. 2009. 点篮子鱼人工繁育技术研究［J］. 海洋渔业，31（01）：73-81.
刘晋，郭根喜. 2006. 国内外深水网箱养殖的现状［J］. 渔业现代化，（2）：8-9.
刘龙龙，等. 2014. 卵形鲳鲹幼鱼的饥饿和补偿生长研究［J］. 上海海洋大学学报，23（01）：31-36.
罗杰，刘楚吾，罗伟林. 2005. 网箱培育军曹鱼亲鱼及人工育苗研究［J］. 海洋水产研究，（02）：18-25.
权娅茹，等. 2004. 我国海水网箱养鱼存在的问题及展望［J］. 海南大学学报（自然科学版），（2）：180-183.
宋瑞银，周敏珑，李越，等. 2015. 深海网箱养殖装备关键技术研究进展［J］. 机械工程师，（10）：134-138.
谭围，陈傅晓，罗鸣，等. 2019. 南海热带海水鱼类三沙海域早繁模式探析［J］. 中国水产，（03）：41-44.
王玉堂. 2001. 试析抗风浪深海网箱养鱼技术的发展前景［J］. 中国水产，（7）：24-25.
王肇鼎，彭云辉，孙丽华，等. 2003. 大鹏澳网箱养鱼水体自身污染及富营养化研究［J］. 海洋科学，27（2）：112-114.
韦献革，温琰茂，王文强，等. 2005. 哑铃湾网箱养殖区底层水营养盐的分布与评价［J］. 中山大学学报（自然科学版），44（4）：115-118.
徐君卓. 2001. 海水网箱养鱼综述［J］. 中国水产，（8）：56-57.
徐君卓. 2005. 深水网箱养殖技术［M］. 北京：海洋出版社，1-259.
徐君卓. 2007. 海水网箱及网围养殖［M］. 北京：中国农业出版社，193-224.
徐永健，钱鲁闽. 2004. 海水网箱养殖对环境的影响［J］. 应用生态学报，15（3）：522-536.
杨子江. 2001. 我国发展大型抗风浪深水网箱养鱼的规模经济问题［J］. 中国渔业经济，（6）：28-29.
叶勇，魏丹毅，等. 2004 . 象山港网箱养鱼区海水营养盐变化研究［J］. 海洋环境科学，21（1）：40-41.
俞开康，王云忠. 2003. 我国海水鱼常见病害的防治技术［J］. 渔业现代化，（6）：25-31.
袁军庭，周应棋. 2006. 深水网箱的分类与性能［J］. 上海水产大学学报，15（3）：350-358.
战文斌. 2004. 水产动物病害学［M］. 北京：中国农业出版社，184-196.
张本，等. 2005. 红鳍笛鲷土池人工育苗技术［J］. 中国水产，（2）：56-59.
张本. 2001. 石斑鱼养殖. 简明中国水产养殖百科全书［M］. 北京：中国农业出版社，648-661.
张本. 2002. 介绍一种近海养鱼张力腿网箱［J］. 渔业现代化，（6）：36-37.
张本. 2002. 抗风浪深水网箱养鱼存在的问题及对策建议［J］. 中国水产，（5）：28-29.
张本. 2002. 试论我国抗风浪近海网箱养鱼健康发展［J］. 渔业现代化，（2）：7-9.
张本. 2003. 对“深海抗风浪网箱”一词的商榷［J］. 现代渔业信息，（2）：3-4.

张本. 2003. 考察挪威近海张力腿网箱养鱼的启发［J］. 中国渔业经济，(2)：47-48.
张本. 2004. 近海网箱渔业产业化问题［J］. 渔业现代化，(4)：31-33.
张朝晖，丛娇日. 2002. 深海网箱的选择与管理［J］. 渔业现代化，(5)：32-34.
张朝晖. 2000. 深海高产潜网养殖技术简介［J］. 中国水产，(7)：43-45.
郑国富. 2001. 抗风浪养殖网箱设计中若干问题的研究［J］. 中国水产，(1)：55-57.
郑乐云，方琼珊，王涵生. 2004. 红鳍笛鲷亲鱼培育及产卵技术研究［J］. 海洋科学，(08)：1-4.
郑天伦，张晓辉，王国良. 2005. 深水网箱养殖病害综合防治技术［J］. 渔业现代化，(1)：25-26.
政协海南省委员会. 琼协建议案〔2015〕2 号. 2015. 关于科学发展我省深海网箱养殖业的调研报告［S］. 海口. 政协海南省委员会.
周晓东，范庆尧. 2002. 半潜式抗风浪深水网箱养殖系统［J］. 中国水产，(6)：74-75.
周永灿，张本，陈雪芬，等. 2002. 嗜麦芽假单胞菌脂多糖的制备及其在卵形鲳鲹中的免疫效应［J］. 水产学报，26（2）：143-148.

后 记

海南省管辖的海洋面积达200万平方千米，海洋资源丰富，地处热带，有“天然大温室”之美誉，具备发展海洋渔业得天独厚的自然条件。自“十五”以来，在各届省委省政府的高度重视下，海南省立足于资源优势和区位优势，着力调整优化渔业经济结构，加快转变海洋与渔业发展方式，大力发展现代渔业。深远海抗风浪网箱养鱼产业的崛起，为沿海渔民开辟了“耕海牧鱼”的新天地，水产养殖由海洋的近岸和内湾向深水区转移，不仅实现了渔业增效渔民增收，更有力地保护了海洋环境。

深远海抗风浪网箱1998年引入我国时，有人将其翻译成“深海网箱”，为了方便阅读，本书文段中出现的“深海网箱”或“网箱”即指“深远海抗风浪网箱”。

本书立足于海南发展深海网箱养殖业的生产实践，着重介绍深海网箱的结构与类型、适养海区和种类选择、苗种培育、养成技术、经营管理、环境保护及发展趋势等方面，注重实际、实用、实效、通俗、简明。因篇幅所限，尽量避免原理性的叙述，敬请读者谅解。

本书是国家重点研发计划（2019YFD0900901）、海口市海洋经济创新发展示范城市产业链协同创新项目（HHCL201806）、热带海洋生物资源利用与保护教育部重点实验室专项课题（UCTMB202011）、国家科技支撑计划课题、国家海洋行业公益性科研专项、国家高技术研究发展（863计划）、海南省重大科技计划专项等项目的部分研究成果，并得到专项经费资助。本书特别感谢海南大学海洋学院原院长张本教授的不吝赐教，并给予大力支持和帮助。同时，还感谢临高海丰养殖公司黄达灵、黄海等同志在本书编写过程中提出宝贵意见。

由于作者水平有限，难免有不足和错误之处，欢迎广大读者批评指正，不胜感激！

编者